DÉPÔT DES CARTES ET PLANS DE LA MARINE.

N° 620.

USAGE

DU

CERCLE MÉRIDIEN PORTATIF

POUR LA DÉTERMINATION

DE L'HEURE ET DES POSITIONS GÉOGRAPHIQUES

AVERTISSEMENT.

En conservant à ce petit traité le titre de l'ouvrage
que M. Laugier a publié, en 1852, sur le cercle méridien, j'ai voulu montrer que mon but était le même
que celui qu'il a poursuivi, et que mon unique intention était de tenir compte des perfectionnements ap-
portés aux instruments et aux méthodes d'observation
depuis cette époque.

Ces perfectionnements portent sur les points suivants : substitution du micromètre à fil mobile à l'an-
cien micromètre, composé uniquement de fils fixes, et,
par suite, modification profonde dans la manière d'observer les polaires, de déterminer l'erreur de collimation, la distance des fils, etc.; remplacement des
verniers par des microscopes, pour une catégorie d'instruments; usage du bain de mercure pour la détermination directe de la verticale; usage de la mire
méridienne. Ces modifications ont permis d'atteindre,
par l'emploi du cercle méridien portatif, une précision
très peu inférieure à celle que donnent les grands instruments méridiens, en tant que leur puissance optique
n'est pas en jeu. Mais l'ouvrage de M. Laugier, qui a été
autrefois le *vade-mecum* des marins et des voyageurs,
ne pouvant apporter aucune lumière sur des méthodes
introduites depuis qu'il a été écrit, l'observateur se

trouvait forcé de rechercher, dans divers documents peu répandus ou dans des ouvrages très volumineux, les renseignements nécessaires. J'espère lui fournir aujourd'hui, sous un volume restreint, un ensemble de règles pratiques, appropriées aux petits instruments dont il est appelé à se servir, et je m'estimerais très heureux de lui avoir, en quelque point, facilité sa tâche.

Qu'il me soit permis d'exprimer ici toute ma reconnaissance à M. Yvon Villarceau, qui a bien voulu revoir mon manuscrit et me prodiguer ses conseils, ainsi qu'à mon collègue, M. Hanusse, qui m'a rendu un grand service en revoyant les épreuves.

USAGE

DU

CERCLE MÉRIDIEN PORTATIF

POUR LA DÉTERMINATION

DE L'HEURE ET DES POSITIONS GÉOGRAPHIQUES,

1. Le cercle méridien est, comme son nom l'indique, un instrument qui sert à l'observation des passages des astres au méridien et à la détermination de leur hauteur méridienne. Il peut, avec les dimensions restreintes qui justifient la qualification de portatif, rendre de grands services aux géographes pour la détermination des positions du globe, et, même aux astronomes, pour la mesure des coordonnées des étoiles.

D'une manière générale, le cercle méridien portatif se compose d'une lunette astronomique, fixée à un axe de rotation perpendiculaire à sa direction, et d'un pied en fonte très lourd qui est destiné à soutenir cet axe horizontalement. Un cercle divisé, dont le plan est perpendiculaire à l'axe horizontal, sert à mesurer le déplacement angulaire de la lunette.

Les constructeurs font varier, de diverses manières, les dimensions et la forme de la lunette, ainsi que la nature du pied et celle du cercle divisé. Un examen détaillé de tous les modèles existants nous conduirait trop loin, et serait, du reste, sans objet; nous nous bornerons ici à l'étude des instruments qui ont servi aux observateurs français pour la détermination des méridiens fondamentaux et qui, pour la plupart, appartiennent au dépôt de la marine.

Il est inutile de comprendre dans cet examen le modèle construit par M. Brunner, en 1850. M. Laugier a consacré

1

à la description de cet instrument, aujourd'hui peu employé, un ouvrage auquel il suffira de renvoyer le lecteur.

Parmi les instruments plus récemment construits, il n'en est peut-être pas deux d'identiques; on peut cependant, en négligeant certains détails de construction, les ranger dans trois catégories différentes, que nous nous proposons d'examiner rapidement.

2. Le modèle que nous appellerons n° 1 se distingue de celui de 1850 par les dimensions générales, qui sont plus considérables, et par la forme du pied (fig. 1). Celui-ci est en fonte et composé de deux parties : l'une, inférieure, repose sur le pilier, par les trois vis calantes que portent des branches horizontales divergeant régulièrement d'une couronne centrale. La partie supérieure se compose d'une traverse horizontale, sur laquelle reposent les deux montants verticaux qui soutiennent l'axe horizontal de la lunette et se termine en dessous par une portion cylindrique, qui s'emboîte exactement dans la couronne de la partie inférieure : elle peut ainsi tourner d'un mouvement azimutal complet autour de l'axe commun des deux cylindres.

Le constructeur a pris soin de rendre les deux montants égaux en dimension et perpendiculaires à la traverse horizontale, qui est elle-même perpendiculaire à l'axe de rotation, de manière qu'en rendant cet axe vertical par un procédé quelconque, on obtienne en même temps, à très peu près, une position horizontale pour l'axe de rotation de la lunette.

Les deux parties du pied peuvent être rendues solidaires, au moyen de deux petites pièces en fonte qui serrent fortement la partie inférieure, sous l'action de vis a et b, prenant leur point d'appui sur la traverse horizontale. L'une de ces vis, a, n'est liée à la traverse que par l'intermédiaire d'une nouvelle pièce retenue entre deux vis buttantes horizontales, de manière qu'en serrant cette vis toute seule, on puisse encore donner à la partie supérieure du pied le petit mouvement azimutal qui correspond au jeu des vis buttantes.

L'axe de rotation est formé d'une pièce en laiton qui porte

un renflement cubique en son milieu, et se termine, à ses deux extrémités, par des tourillons en acier de diamètres parfaitement égaux.

Fig. 1.

Le limbe qui tourne avec la lunette est divisé par des traits espacés de dix en dix minutes. Un cercle intérieur au limbe, ajusté à frottement sur l'axe horizontal, porte deux verniers, au moyen desquels on peut lire les dix secondes. Il est fixé par le prolongement d'un diamètre vertical cc' retenu entre deux vis buttantes d, qui prennent leur point d'appui sur le pied. L'une de ces vis sert au réglage; on peut, en la faisant mouvoir, déplacer le zéro des verniers, de manière que la position horizontale de la lunette corresponde au zéro du limbe. L'autre vis ne fait qu'appuyer le diamètre contre la première; entre la pièce mobile, sur laquelle elle est fixée, et le montant de la lunette, s'interpose un disque en acier, formant ressort, qui laisse un certain jeu pour le mouvement du buttoir de réglage. La graduation du limbe va de 0° à 360°, dans le sens direct, c'est-à-dire dans le sens des heures sur le cadran d'une montre; si donc l'instrument est bien réglé, la lecture du limbe indique la hauteur au-dessus de l'horizon, du point de la sphère céleste que vise la lunette. Supposant l'instrument en place, cette hauteur est comptée de l'horizon sud dans le cas où le cercle se trouve à l'ouest, et de l'horizon nord, quand le cercle est à l'est. Le réglage en hauteur se fait, comme nous le verrons plus tard, au moyen du niveau fixé au cercle alidade, ou mieux encore, au moyen du bain de mercure.

3. Le pied du modèle n° 2 (fig. 2), ne diffère du précédent que par quelques détails de construction, que nécessite la présence d'un cercle de hauteurs plus parfait. Ce cercle C, plus grand, gradué dans le même sens que précédemment, et de 5 en 5 minutes, de 0° à 360°, est placé sur l'axe horizontal à frottement dur. Un deuxième cercle C' non gradué, de même diamètre, occupe sur l'axe horizontal la position symétrique du premier; il porte une rainure dans laquelle s'engage la pince à serrage, retenue au pied par un mouvement de rappel. La pièce qui soutient la pince peut se visser à l'un ou à l'autre des deux montants du pied, suivant le côté où se trouve le cercle divisé.

Aux extrémités des montants, et au dehors, se trouvent deux

cylindres creux, *cc*, en laiton, sur lesquels peuvent s'engager,

Fig. 2.

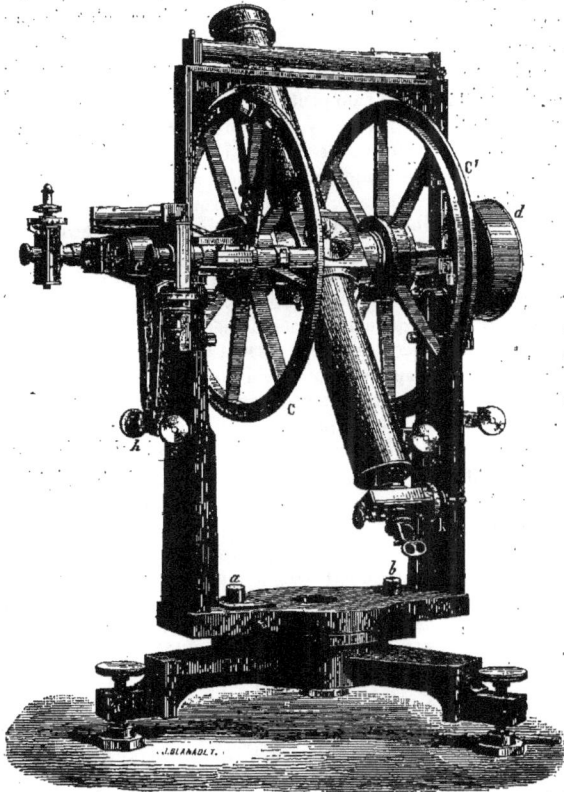

soit les pièces qui portent les viseurs, véritables lunettes au foyer desquelles se forme l'image des divisions du limbe grossis par un oculaire, soit encore le porte-microscope ou le contrepoids d qui lui fait équilibre. Les porte-viseurs et le porte-microscope sont munis d'un bras vertical ef qui est maintenu au moyen de deux vis buttantes gh, prenant leur point d'appui sur une pièce fixée au pied.

La lecture du limbe correspond à la division qui coïncide avec le fil du viseur; on peut, grâce à la mobilité du cercle sur l'axe horizontal, régler à volonté la lecture des divisions pour une position donnée de la lunette. On peut donc, comme précédemment, lire l'angle que fait la lunette avec l'horizontale; on peut encore, comme nous le verrons plus tard, faire correspondre la lecture à la distance polaire de l'astre visé.

4. On emploie les viseurs quand on n'a en vue que l'observation des passages; ils suffisent au calage de la lunette en hauteur et ne gênent en rien l'opération du retournement. L'usage des microscopes est réservé pour le cas où l'on veut observer des hauteurs pour avoir la latitude du lieu ou les déclinaisons des astres; la pièce qui les soutient remplace alors l'un des viseurs, et le contrepoids remplace l'autre.

Chacun des microscopes se compose d'un objectif à très court foyer, dont l'axe principal est perpendiculaire au plan du limbe, et qui est placé à une distance telle, que l'image des divisions vienne se former dans un plan focal déterminé. Dans ce plan, perpendiculaire à l'axe, se meut un système de deux fils parallèles tendus sur un châssis actionné par une vis micrométrique. Ces fils comprennent entre eux un intervalle un peu plus grand que l'épaisseur des divisions, et le pointé se fait en amenant les divisions exactement au milieu de cet intervalle. Un oculaire, placé en avant du plan focal, grossit à la fois les fils et l'image des divisions.

La vis micrométrique est fixée au châssis et pénètre dans un écrou mobile portant sur son axe, à frottement dur, une couronne divisée en soixante parties égales. La lecture de la division qui se trouve en regard d'un index fixé à la boîte, mesure la fraction de tour de l'écrou mobile; les nombres entiers de tours résultent de la position des fils vis-à-vis des dents d'un peigne fixé dans le plan focal (fig. 3). Chaque cran du peigne vaut un tour et le zéro se trouve en *ab*, en face d'un cran particulier terminé par une cavité arrondie. Il faut deux tours et demi pour faire franchir aux fils l'intervalle qui sépare deux divisions du limbe ou cinq minutes; chaque division de la couronne vaudra donc deux secondes.

Fig. 3.

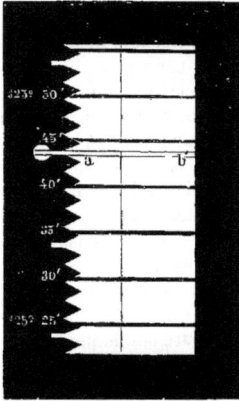

La lecture de ces divisions augmente, quand les fils se rapprochent de la tête de vis; la lecture des divisions de l'image du limbe augmente dans un sens opposé à ce mouvement. Si donc nous amenons les fils sur la division du limbe la plus voisine du zéro du micromètre, en allant vers la tête de vis, celle de 325°40', dans l'exemple que montre la figure, la lecture en tours et fractions de tours, représentera la distance angulaire qui sépare cette division du zéro du micromètre. En réduisant ces tours en minutes et secondes, et en ajoutant la reduction à 325°40', on obtient la lecture du point du limbe qui coïncide avec le zéro du micromètre.

Le champ des microscopes n'est pas assez étendu pour qu'il soit possible de reconnaître les divisions dont on n'aperçoit qu'une faible longueur; aussi, un index spécial tracé sur une tige qui vient s'appuyer contre le limbe et qui porte une loupe, permet-il de lire la division entière. Il suffit de réfléchir un peu pour voir tomber l'objection qui peut se présenter à l'esprit, par suite de l'écartement de l'index et des microscopes; il importe peu, en effet, que les divisions qui sont au foyer du microscope aient une graduation ou une autre, il suffit qu'on puisse les distinguer entre elles, et l'index atteint très bien ce but. La seule précaution à prendre, c'est de faire correspondre le zéro du micromètre à une division entière, quand l'index se trouve dans le même cas. On y parvient, au besoin, en agissant sur une vis de réglage qui fait mouvoir le peigne.

Pour faire coïncider les divisions du peigne et celles de la vis micrométrique, on amène les fils en face du zéro du peigne; puis, maintenant la vis immobile, on fait tourner à frottement dur la couronne divisée autour de son axe, jusqu'à ce que le zéro de la division arrive en face de l'index.

5. Nous comprendrons dans une troisième et dernière catégorie les instruments d'une dimension un peu plus considérable que ceux qui viennent d'être décrits, en prenant pour type l'un des cercles méridiens qui ont servi à la détermination de positions géographiques en France (fig. 4) [1].

La modification la plus importante consiste dans la forme donnée au pied qui est d'une seule pièce, les montants font corps avec la platine qui repose directement sur trois vis calantes. L'axe horizontal de la lunette a des dimensions relativement plus grandes en longueur, en vue d'amoindrir les dénivellations provenant de la différence de dilatation des deux montants verticaux. Les lectures du cercle des hauteurs se font au moyen de viseurs fixés à demeure sur le pied et, pour les mesures précises, au moyen de quatre microscopes portés par une couronne que l'on déplace quand le cercle change de position.

Le retournement de la lunette, au lieu de se faire à la main comme pour les deux modèles précédents, s'obtient au moyen d'un appareil spécial que l'on installe à cet effet sur la platine du pied. Le cube de la lunette s'engage dans un plateau carré horizontal à rebords, fixé par un axe de rotation vertical au bout d'une tige à crémaillère. Une roue dentée, mue par une manivelle, fait monter la crémaillère et avec elle la lunette, jusqu'à une hauteur suffisante pour lui permettre de pivoter d'un mouvement azimutal de 180°. Un cran d'arrêt maintient la tige pendant ce mouvement, après lequel on fait redes-

[1] La figure 4 est empruntée à l'astronomie pratique de Brünnow, éditée par M. Gauthier-Villars.

cendre la lunette, dont les tourillons se trouvent avoir changé de place.

Fig. 4.

6. Il nous reste à parler de la lunette elle-même, partie

essentielle de l'instrument méridien. Avant d'aborder sa description, nous résumerons rapidement quelques points de la théorie générale des lunettes astronomiques qui sont plus spécialement visés dans les applications qui vont suivre.

DE LA LUNETTE ASTRONOMIQUE.

La lunette astronomique se compose d'un objectif, d'un réticule placé au foyer de cet objectif, et d'un oculaire.

7. L'objectif est un système convergent achromatique formé de plusieurs lentilles, dont l'axe de symétrie commun coïncide, autant que possible, avec celui du tube de la lunette.

On peut admettre, quand il ne s'agit que de considérations géométriques élémentaires, que, si l'on mène une ligne droite par un point lumineux et son image formée par l'objectif, le point de rencontre de cette ligne et de l'axe de symétrie de l'objectif est invariable; ce point est le centre optique; en d'autres termes, un point lumineux quelconque, son image et le centre optique sont en ligne droite.

Nous admettrons aussi que l'image d'un point lumineux quelconque, situé sur une ligne faisant avec l'axe de la lunette un très faible angle, vient se former à une distance p du centre de l'objectif, telle que, p' désignant la distance du point lumineux, on ait la relation :

$$\frac{1}{p} + \frac{1}{p'} = \frac{1}{f},$$

f étant une quantité constante. Il suit de là que si p' est très grand, p est sensiblement égal à f, distance focale principale.

Il est évident aussi que les images de tous les points lumineux situés dans un même plan perpendiculaire à l'axe de la lunette seront situées également dans un même plan focal perpendiculaire à cet axe; à cause de la très faible inclinaison des droites qui joignent le centre optique à ces points, leurs longueurs sont égales à un infiniment petit, près du second ordre. A mesure que la distance p' augmente, le plan focal se rapproche de l'objectif et finit, quand p' est infiniment grand, par coïncider avec le plan focal principal. Dans la pratique, il suffit, pour atteindre ce résultat, que p' soit supérieur à un multiple déterminé de la distance focale principale. Veut-on, par exemple, que le plan focal correspondant à une distance p', ne soit pas distant de plus de $\frac{1}{10}$ de millimètre du plan focal principal, il suffira de donner à p' une valeur égale à 10000 fois la distance focale principale. Ainsi pour des lunettes de $0^m,60$ de distance focale, un objet situé à 6 kilomètres aura son image sensiblement dans le plan focal principal.

On voit aussi que, pour des distances supérieures à celle-ci, tous les points lumineux, quelle que soit leur situation dans l'espace, auront leur image située dans le plan focal principal ; le résultat est le même que si tous ces points se trouvaient dans un même plan perpendiculaire à l'axe principal de la lunette. On peut donc, pour la formation de l'image, ne considérer que la projection de ces points sur un plan perpendiculaire à la direction de la lunette, un élément de la sphère céleste en d'autres termes.

8. Si donc un point lumineux se meut dans l'espace et semble décrire une ligne droite, c'est-à-dire un élément de grand cercle de la sphère céleste, son image décrira une ligne droite dans le plan focal de la lunette. Une étoile équatoriale, par suite du mouvement diurne, semble décrire un grand cercle, l'équateur céleste ; son image décrira donc une ligne droite dans le plan focal de l'objectif. Il n'en est pas de même des étoiles situées entre l'équateur et le pôle ; celles-ci décrivent, en vertu du mouvement diurne, des parallèles de la sphère céleste, leurs images, dans le plan focal, se meuvent sur des trajectoires dont la courbure est d'autant plus prononcée que l'étoile est plus rapprochée du pôle.

9. Le réticule se compose, en général, d'un système de fils fixes rectangulaires que l'on dispose dans le plan focal de l'objectif ; ils forment, dans ce plan, un système d'axes de coordonnées, auxquels on peut rapporter les positions des divers points du plan.

10. L'oculaire est destiné à grossir les fils et les images formées au foyer de l'objectif; il se compose généralement d'un système de deux verres convergents à forte courbure, disposés en avant du plan focal.

L'oculaire, agissant comme une loupe simple ou composée, ne forme que des images négatives; la théorie de la loupe est trop connue pour que nous ayons besoin de l'établir ici. Examinons cependant quelques conséquences de la notion généralement adoptée, de l'accommodation de l'œil aux distances, qui sont importantes à considérer pour la mise au point de la lunette.

Un œil bien conformé voit distinctement à toutes les distances comprises entre l'infini et une distance minimum qui peut varier d'un individu à l'autre. Il est évident, en effet, pour tout homme pourvu de bons yeux, qu'il voit avec autant de netteté se dessiner sur le ciel le bord éclairé de la lune, que peuvent le faire sur du papier blanc, les caractères du livre qu'il lit à petite distance. L'œil possède donc le moyen de faire varier, suivant le besoin, la puissance de convergence de l'appareil qui sert à concentrer sur la rétine les images des objets extérieurs; l'image est nette, quelle que soit la distance de l'objet qu'elle représente, à condition, toutefois, que cette distance reste supérieure à une quantité déterminée.

L'accommodation se fait d'une manière instinctive, en dehors de la volonté réfléchie. Veut-on, par exemple, voir le mieux possible tous les détails d'un objet, on l'approche de l'œil jusqu'à la distance minimum de vision distincte et le système convergent de l'œil aura la courbure la plus grande qu'il soit susceptible de prendre sans fatigue. Veut-on, au contraire, voir un objet très éloigné, la courbure de l'œil diminuera jusqu'à ce que l'image vienne encore se former sur la rétine. La volonté n'a pas, en général, une influence directe sur ces actes, on ne peut les produire qu'en passant par l'intermédiaire d'une opération visuelle.

Dans ces conditions, voici comment on peut expliquer la formation des images dans la loupe. Représentons par une ligne idéale MON (fig. 5), la lentille convexe, dont l'axe de

symétrie est OAA' et le foyer principal F. Un objet étant placé
en *ab*, entre le foyer principal et la lentille, son image virtuelle se formera en AB. Si la distance OA est égale à la distance minimum de la vision distincte, l'œil placé en O pourra
percevoir distinctement cette image AB; il en sera de même,
a fortiori, si l'on éloigne l'objet *ab* pour le placer en *a'b'*, son
image se formera en A'B' et pourra encore être perçue par
l'œil, et ainsi de toutes les positions comprises entre *a* et F. A

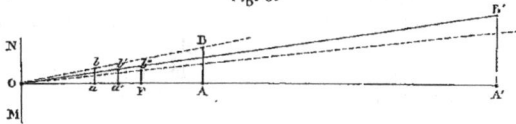

Fig. 5.

la limite, un objet placé en F*b"*, aura son image située à l'infini, et l'œil, pourvu de la faculté d'accommodation, pourra
encore le percevoir distinctement.

Ce raisonnement suppose, toutefois, que l'action physiolo-
gique de l'accommodation se produise, et par suite, qu'il y
ait une illusion d'optique capable de diriger l'opération instinctive, ou, ce qui est plus difficile, que l'observateur, par un
exercice convenable, soit arrivé à faire intervenir sa volonté.
Mais ce dernier cas, qui suppose un observateur prévenu, ne
se présente pas en général, presque toujours l'action sera instinctive. Que l'objet *ab* soit très petit, à la portée de l'observateur qui veut, au moyen de la loupe, en examiner les plus
petits détails, l'accommodation se fera sûrement pour le minimum de distance; il en sera de même si *ab* est non plus un
objet tangible mais l'image réelle d'un astre, obtenue au foyer
de l'objectif. L'observateur oublie, en raison même de son
énormité, la distance de ce point lumineux qui se présente
isolé au milieu du champ de la lunette; ce point ou cette surface n'est plus, pour lui, un astre, mais une image dont il faut
étudier le mouvement et la forme, et il accommode encore son
œil pour la distance minimum ou le diamètre apparent maximum.

Il peut arriver encore que l'oculaire serve à grossir l'image d'un objet terrestre, vers lequel est dirigée la lunette; dans ce cas, surtout si la lunette grossit faiblement et s'il y a un peu de brouillard dans l'atmosphère, l'observateur aura conscience ·de la grande distance des objets qu'il considère, et l'accommodation se fera pour l'infini; l'image viendra donc en Fb'', dans le plan focal de l'oculaire.

Ces considérations peuvent servir à expliquer pourquoi, dans les opérations géodésiques, il est souvent si difficile de pointer exactement les signaux terrestres avec les fils du théodolite. Quand le temps est un peu brumeux, on aperçoit, quoique faiblement, les images des objets très éloignés dans les portions latérales du champ de la lunette; à mesure qu'on les rapproche de la croisée des fils, elles diminuent d'intensité, et, lorsqu'on arrive à vouloir les mettre en coïncidence avec les fils, ces images disparaissent souvent entièrement. Cela tient uniquement au procédé employé pour la mise au point; l'observateur commence, en effet, par mettre les fils au foyer de l'oculaire, c'est-à-dire qu'il éloigne l'oculaire des fils, jusqu'à ce que leur image virtuelle soit à la distance minimum de la vision distincte. Puis, détournant son attention des fils, l'observateur déplace, d'un mouvement d'ensemble, l'oculaire et les fils jusqu'à ce qu'il aperçoive nettement l'image d'un objet terrestre; mais, comme nous l'avons vu, il lui suffira d'avoir conscience de l'éloignement des objets pour que l'accommodation se fasse pour l'infini, et, dans ce cas, il aura amené les fils dans un plan plus éloigné de l'objectif de la lunette que le plan focal principal. D'où il résulte qu'en ramenant son attention sur les fils, il cessera d'apercevoir, en même temps, les images des objets lointains affaiblies déjà, par suite de la brume. Ce défaut de coïncidence des fils et du plan focal de l'objectif donne naissance aussi à l'erreur de parallaxe des fils.

11. Il nous reste à parler du grossissement des lunettes et de la manière d'arriver à sa mesure. Un objet est grossi lorsque son image possède un diamètre apparent supérieur au sien,

et le grossissement est égal au rapport de ces deux diamètres que l'on suppose très petits tous deux.

L'objectif, à lui seul, peut donc grossir, pourvu que sa distance focale soit supérieure à la distance minimum de la vision distincte. Car soit bF, l'image d'un astre ou d'un objet très éloigné, formée au foyer d'un objectif O. Le diamètre apparent de l'astre ou de l'objet est égal à l'angle bOF; d'autre part, soit o', la position de l'œil de l'observateur, le diamètre apparent de

Fig. 6.

l'image sera $b o'$F; à cause de la petitesse de ces angles, on peut admettre que l'on a sensiblement,

$$\frac{b o'\text{F}}{b\text{OF}} = \frac{\text{OF}}{o'\text{F}} = \frac{\text{OF}}{\Delta}.$$

Il y aura donc grossissement, si OF, distance focale de l'objectif, est supérieure à o'F ou Δ, distance minimum de la vision distincte.

L'interposition d'un oculaire entre l'œil et l'image focale permet de voir à une distance bien inférieure à ce minimum Δ, et, par suite, d'obtenir un diamètre apparent plus considérable. Si, dans ces conditions, on suppose l'œil placé en o'', le grossissement deviendra :

$$\frac{\text{OF}}{o''\text{F}} = \frac{\text{OF}}{\Delta} \times \frac{\Delta}{o''\text{F}}$$

$\frac{\text{OF}}{\Delta}$ et le grossissement par l'objectif, $\frac{\Delta}{o''\text{F}}$ est le grossissement par l'oculaire, le grossissement que l'on obtient est donc égal au produit de ces deux grossissements partiels.

Ce résultat, qui suppose l'œil accommodé au minimum de distance, est un maximum; il variera d'un individu à l'autre avec la valeur de Δ.

Le raisonnement précédent se rapporte à un oculaire théorique, réduit à une surface convergente sans épaisseur. En réalité, un oculaire se compose toujours d'un système de lentilles, les considérations simples qui précèdent ne sont plus applicables; le point o'' est mal défini et, à cause des distances extrêmement petites qui séparent l'oculaire du plan focal, on ne pourrait rien conclure d'une mesure directe de sa position pour la détermination pratique de la valeur du grossissement.

12. On détermine habituellement le grossissement, au moyen du dynamètre de Ramsden, petit appareil dont la pièce principale, plaque de verre ou de corne divisée, sert à la mesure du diamètre de l'anneau oculaire, ou image de l'objectif formée au foyer de l'oculaire. Le rapport du diamètre de l'objectif à celui de l'anneau oculaire n'est autre que le grossissement de la lunette. Mais le dynamètre qu'emploient toujours les constructeurs d'instruments ne se trouve pas généralement entre les mains des observateurs, et il peut être intéressant, sinon indispensable, de déterminer rapidement une valeur approchée du grossissement, sans le secours de cet appareil. Voici comment on opère dans ce cas. On trace sur un mur deux traits verticaux bien visibles, à une distance de cinquante centimètres environ l'un de l'autre; puis, tenant horizontalement une règle divisée en millimètres, et regardant les divisions à travers l'oculaire préalablement retiré de l'instrument, on s'éloigne du mur jusqu'à ce que l'intervalle occupé par un certain nombre de divisions grossies de la règle vienne se projeter exactement sur l'intervalle des traits du mur. Cette superposition est aisée à obtenir au moyen de l'œil resté libre. On fait mesurer par un aide la distance comprise entre l'oculaire et le mur : cette distance, l'intervalle des traits, celui des divisions de la règle, suffisent pour déterminer le grossissement.

Désignons par A la distance, exprimée en mètres, de l'observateur au mur, et par n le nombre des divisions grossies, dont la projection vient occuper l'espace a, qui sépare les traits verticaux tracés sur le mur.

Le diamètre apparent des n, divisions grossies, sera évidemment $\frac{a}{A}$; d'autre part, un astre dont l'image, au foyer de la lunette, occuperait une largeur $\frac{n}{1000}$ aurait pour diamètre apparent $\frac{n}{1000} \times \frac{1}{F}$, si on le regardait à l'œil nu, F désignant la distance focale de l'objectif; vu à travers la lunette, son diamètre apparent est $\frac{a}{A}$, le grossissement par la lunette a donc pour valeur le rapport de $\frac{a}{A}$ à $\frac{n}{1000 F}$, ou, en d'autres termes,

$$\frac{a}{A} \cdot \frac{1000\,F}{n} \cdot$$

Faisons, par exemple, a égal à $0^m,50$, $n=2$, $A=4$ mètres et $F=2$ mètres; le grossissement aura pour valeur 125.

L'expression précédente peut s'écrire ainsi :

$$\frac{a}{A} \cdot \frac{1000\,\Delta}{n} \times \frac{F}{\Delta}$$

Remarquons que $\frac{F}{\Delta}$ est le grossissement par l'objectif; qu'un objet de largeur $\frac{n}{1000}$, vu à la distance Δ, a un diamètre apparent $\frac{n}{1000} \cdot \frac{1}{\Delta}$, que, par suite, le grossissement par l'oculaire est $\frac{a}{A} \cdot \frac{\Delta \times 1000}{n} \cdot$

Le produit de ces deux grossissements partiels est, dans tous les cas, le grossissement de la lunette.

DE LA LUNETTE MÉRIDIENNE.

13. Revenons, après cette digression dans le domaine des généralités, à l'objet de nos préoccupations spéciales. La lunette astronomique de l'instrument méridien est, à peu près, la même pour tous les modèles que nous avons précédemment énumérés, et ne diffère des plus anciens que par l'éclairage et l'adjonction du micromètre à fil mobile.

Le corps de la lunette se compose de deux parties cylindriques ou légèrement coniques qui s'engagent dans un cube central, et sont solidement vissées sur deux de ses faces. Le

cube fait corps par ses deux faces latérales avec les branches
terminées par deux tourillons d'acier, dont l'ensemble cons-
titue l'axe horizontal de la lunette. Cet axe est, par construction, perpendiculaire au corps de la lunette.

L'objectif est enchâssé dans une monture qui porte un pas
de vis, au moyen duquel elle s'engage à l'extrémité de l'un
des tubes. Cette disposition est du moins adoptée pour les
instruments du Dépôt de la marine; quelquefois, surtout pour
les modèles plus grands, le constructeur emploie un système
un peu différent : la monture de l'objectif est simplement
posée contre l'extrémité du tube et retenue par des vis
indépendantes.

Le second tube se termine, au moyen d'un ressaut, par
une partie cylindrique plus étroite dans laquelle s'engage, à
frottement, le tuyau qui porte le micromètre et l'oculaire. Un
collier à vis i (fig. 2), qui termine le tube, permet de serrer
fortement ce tuyau de manière à le fixer dans la position
convenable.

14. Le micromètre (fig. 7) comprend un réseau de fils

Fig. 7.

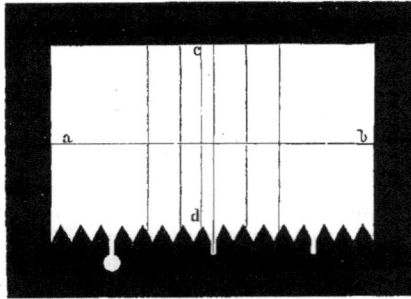

fixes tendus sur un châssis rectangulaire et un fil mobile cd
tendu sur un second châssis qui se meut, à une distance ex-

trêmement faible du premier, au moyen d'une vis micrométrique.

" Le réseau des fils fixes se compose d'un fil horizontal *ab*
et de plusieurs fils horaires perpendiculaires au premier et
également espacés entre eux. Il y en a généralement cinq;
c'est du moins le chiffre qui est adopté pour les petits instruments; mais il y a quelque avantage à se servir d'un nombre
pair de fils, et, dans ce cas, on en emploie ordinairement huit.

Le châssis sur lequel sont tendus ces fils porte un peigne
destiné à mesurer les déplacements du fil mobile. Ce châssis
peut se mouvoir dans son plan au moyen d'une vis située sur
le côté de la boîte du micromètre. Deux vis de pression, que
l'on actionne au moyen d'une petite clef spéciale, fixent le
châssis d'une manière invariable, une fois qu'on l'a amené dans
la bonne position.

Le fil mobile est parallèle aux fils fixes horaires; le châssis
qui lui sert de support est fixé à la vis micrométrique, qui
pénètre dans un écrou K (fig. 2), dont la rotation détermine
la progression de la vis et du châssis.

La tranche d'un tambour placé à frottement dur sur l'axe
de l'écrou est divisée en 100 parties égales, et un index fixe,
disposé en regard des divisions, permet d'estimer le $\frac{1}{1000}$ de tour.
Les nombres entiers de tours sont mesurés au moyen du
peigne qui se trouve dans le champ de la lunette; on adopte
généralement le milieu de l'intervalle de deux dents pour origine de chaque tour, et les creux rectangulaires pour origine
des multiples de 5. Le zéro est indiqué par une cavité circulaire plus grande que les autres.

L'observateur devra, au besoin, faire concorder les divisions
du peigne avec la graduation du tambour divisé de l'écrou;
pour y arriver, il suffit de placer le fil mobile au milieu d'un
creux, puis l'y maintenant au moyen de la tête de l'écrou, de
déplacer à frottement le tambour divisé, jusqu'à ce que la division zéro se trouve en face de l'index.

La plupart des micromètres portent deux index à 180° l'un
de l'autre; c'est une erreur de la part des constructeurs, car
on peut les confondre si, comme il arrive généralement, aucun

signe extérieur ne les distingue, et, dans tous les cas, l'observateur doit faire toutes les lectures du fil mobile au même index, s'il veut avoir des résultats comparables entre eux. Il fera donc bien d'en supprimer un, en conservant de préférence celui qui est au-dessus de la boîte du micromètre, quand la lunette est dirigée vers le pôle élevé dans la position directe.

Pour déterminer la position du fil mobile, il faut, à la lecture du tambour divisé, joindre celle du peigne; l'œil est obligé de se transporter à l'oculaire de la lunette pour le nombre entier, puis sur le tambour pour la fraction : d'où perte de temps, qui serait considérablement atténuée si l'on se décidait à adopter partout, comme l'ont fait quelques constructeurs, une roue additionnelle, mesurant les tours de la roue micrométrique au moyen d'un système de divisions analogues. On éviterait encore un autre inconvénient qui se présente dans la rectification de l'axe optique, et que nous aurons à signaler plus tard.

15. La distance des images formées dans le plan focal par deux points lumineux éloignés est proportionnelle à l'écartement angulaire de ces points; la distance des fils horaires, mesurée dans le plan focal, correspond donc à des distances angulaires proportionnelles mesurées sur la sphère céleste, et l'image d'un astre qui, par suite du mouvement diurne, décrit uniformément un élément de grand cercle de la sphère céleste, décrira dans le plan focal, et d'un mouvement uniforme, une droite perpendiculaire aux fils horaires.

Il est évident aussi que le déplacement du fil mobile dans le plan focal correspond à un déplacement angulaire proportionnel sur la sphère céleste; si la vis micrométrique est parfaitement régulière, ce déplacement est proportionnel au nombre de tours et fractions de tours de l'écrou mobile. Chaque tour de vis se trouve donc correspondre à une distance angulaire mesurée sur la sphère céleste. On peut exprimer le tour de vis en secondes d'angle, ou encore, comme on le fait habituellement, en secondes de temps, et il correspond alors au déplacement d'une étoile équatoriale, par suite du mouvement diurne.

16. Dans les boîtes d'accessoires du cercle méridien se trouve ordinairement un petit outillage en même temps qu'un cocon de fils d'araignée, de l'arcanson (sorte de résine) et de la cire molle, le tout en vue de pourvoir au remplacement des fils qui viendraient à se casser ou qui seraient défectueux.

Avant d'entreprendre une campagne, l'observateur fera sagement d'apprendre, auprès des constructeurs d'instruments, la manière de se servir de cet outillage et de s'exercer à l'opération de la pose des fils qui exige autant de tour de main que de méthode. Les procédés peuvent, du reste, différer d'un constructeur à l'autre, et l'on fera bien de s'en tenir à celui que l'on a appris. Aussi ne pouvons-nous adresser les conseils qui suivent qu'à ceux qui, moins prudents et surpris par un accident, verraient leur campagne compromise, faute de pouvoir remplacer un fil cassé ou trop peu tendu.

On démonte le micromètre en dévissant complètement l'écrou mobile, en desserrant les vis qui serrent le châssis des fils fixes et la vis de réglage. La platine qui porte l'oculaire étant mise de côté, on enlève avec précaution le châssis du fil mobile et celui des fils fixes. Les fils sont tendus dans de petites rainures ou encoches prolongées sur toute la largeur du châssis, du bord extérieur au bord intérieur. On a soin, au préalable, de nettoyer les rainures et, au besoin, de les approfondir au moyen d'un burin en acier qui fait partie de l'outillage. Puis on retire du cocon, avec une aiguille, un fil d'araignée, et l'on a soin de le prendre aussi long que possible; avec un peu d'adresse, on arrive à attacher à chaque extrémité du fil une boule de cire molle assez petite pour que le fil puisse en supporter le poids, mais assez forte aussi pour que son poids tende convenablement le fil. Ces deux boules sont indispensables aussi pour permettre le maniement des fils, qui, à cause de leur finesse, échappent absolument au toucher et presque à la vue et ont l'inconvénient d'adhérer partout.

On tient l'une des boules à la main, en laissant pendre

l'autre, et, prenant le fil entre le pouce et l'index, préalablement humectés, de l'autre main, on le frotte doucement de haut en bas pour le lisser. Cette opération, qui n'est pas absolument indispensable, demande une délicatesse extrême; certains opérateurs peuvent difficilement la réussir; ils feront mieux d'y renoncer après plusieurs épreuves infructueuses.

Quand le fil est préparé, on pose le châssis sur un support un peu élevé et dont la surface supérieure soit plus petite que celle du châssis; un bouchon long et régulièrement coupé à ses deux extrémités convient très bien à cet effet. Une fois le châssis installé, on pose le fil à peu près sur ses encoches, en laissant tomber les boules de cire de chaque côté du châssis, de manière à ce qu'il conserve sa tension.

On examine avec une loupe un peu forte la position du fil à la surface du cadre; si, du premier coup, on n'a pas réussi à mettre le fil dans l'encoche, il faut agir avec une petite tige et très doucement sur la portion pendante du fil, en le soulevant légèrement et le faisant avancer vers son encoche; arrivé près du bord, il doit y tomber tout naturellement. On s'assure avec la loupe que les deux extrémités sont bien engagées et l'on fixe le fil en déposant sur les extrémités une goutte d'arcanson liquéfiée. Puis on coupe les deux bouts pendants.

Disons ici que l'on fera bien, avant le départ, de se préoccuper des conditions atmosphériques du lieu où l'on est appelé à observer. Si l'on doit opérer dans un pays froid et humide, il sera bon que le constructeur se mette, pour poser les fils, dans des conditions de température et d'humidité analogues. On risquerait, faute d'avoir pris cette précaution, de voir tous les fils se détendre à l'arrivée de l'instrument sur le lieu d'observation.

17. Il sera bon aussi, en prévision d'accidents plus graves ou de l'impossibilité de remplacer les fils, de se munir d'un micromètre tracé sur verre. On peut observer avec ce micromètre comme avec l'autre, quoiqu'il présente plusieurs inconvénients qui doivent, en général, le faire écarter; la clarté de la lunette est diminuée par son emploi et, inconvénient plus

grave, il est impossible de combiner l'usage si commode du fil mobile avec celui des fils fixes, quand ceux-ci sont gravés sur verre.

18. L'oculaire est composé d'un système de deux lentilles à très court foyer; il pénètre à frottement dans un tube très court muni d'un collier de serrage et fixé à une plaque s'engageant dans des glissières qui font partie de la platine du micromètre.

Une vis, dont la tête est du côté opposé à l'écrou mobile, sert au déplacement de cette plaque et, par suite, de l'oculaire que l'on peut ainsi amener en regard de chacun des fils verticaux. On serre le collier quand l'oculaire est au point sur les fils; il se trouve par là fixé à une distance invariable du plan focal, mais conserve la faculté de tourner autour de l'axe de la lunette. Un prisme à réflexion totale, qui peut se visser sur l'oculaire, renvoie à 90° de leur direction primitive les rayons qui proviennent du plan focal, et sert dans tous les cas où l'inclinaison de la lunette sur l'horizon est trop forte pour permettre la vision directe.

19. L'éclairage s'obtient en faisant pénétrer, par l'un des tourillons creux, les rayons d'une lampe qui se réfléchissent sur un disque métallique peint en blanc mat, percé en son milieu et posé à 45° dans le tube central, et viennent illuminer le champ. Une lentille, placée à l'extrémité du tourillon, concentre et disperse ensuite les rayons de la lampe. Dans les instruments à microscopes, une autre lentille, qui s'engage dans le cylindre en bronze supportant les viseurs ou la couronne, vient ajouter son effet à la première: on la déplace en même temps que la lampe quand le cercle divisé change de position.

DU GRAND NIVEAU.

20. Le grand niveau se compose d'une traverse horizontale en laiton, munie de deux branches verticales de longueurs

égales; l'ensemble figure trois côtés d'un rectangle dont le plan est le plan du niveau et dont le grand côté horizontal sert de support à une fiole de niveau à bulle d'air, enchâssée dans sa monture. Une vis de réglage permet d'établir le parallélisme de la tangente supérieure à la courbe axiale du niveau et de la ligne qui passe par les extrémités des branches verticales, de manière que, quand celles-ci reposeront sur un axe horizontal, la bulle occupe le sommet du tube. Cette condition doit être, à très peu près, réalisée pour que l'on puisse, avec la course très faible de la bulle, arriver à déterminer l'inclinaison d'un axe.

Le tube est gradué dans toute sa partie visible; il y a, en général, une soixantaine de divisions, et le zéro se trouve à l'une des extrémités de la monture.

Les divisions doivent, par construction, correspondre à des déplacements angulaires égaux; cette condition est à peu près réalisée dans la pratique; nous pouvons donc admettre, en principe [1], que, si l'on fait varier de très petites quantités l'inclinaison sur l'horizon d'une ligne invariablement liée au niveau et parallèle au plan général de l'instrument, celle qui passe par les extrémités des branches, par exemple, la bulle se déplacera d'un nombre de divisions proportionnel à ces variations.

Remarquons que, dans ce mouvement, la bulle marchera toujours vers le côté qui est soulevé; si donc on soulève un côté, de manière à faire varier de n secondes l'inclinaison de la ligne qui joint les extrémités des branches verticales ou, pour abréger, si l'on soulève ce côté de n secondes, la bulle marchera vers ce côté de $\frac{n}{K}$ divisions, K étant la valeur angulaire d'une partie du niveau.

Et réciproquement si, plaçant les extrémités des branches verticales sur un axe à peu près horizontal, on note la position de la bulle l, par exemple, puis retournant le niveau bout pour bout, on remplace chaque branche par l'autre dans sa position primitive et qu'on fasse une nouvelle lecture de la

---

[1] Sauf à tenir compte, par une correction convenable et toujours faible, des irrégularités de courbure.

bulle l', on en conclura que, dans ce mouvement, la bulle s'est rapprochée de $l-l'$, divisions du zéro, que, par conséquent, ce côté du niveau est plus élevé dans la nouvelle position que dans la position primitive d'un nombre de secondes égal à $(l-l')$ K. La différence $l-l'$ peut être négative, et l'on généralise aisément la proposition qui vient d'être énoncée.

Tel est le principe extrêmement simple du nivellement; car remarquons qu'en opérant ainsi, nous avons déterminé l'inclinaison de l'axe sur l'horizon. Soit, en effet, AB (fig. 8)

Fig. 8.

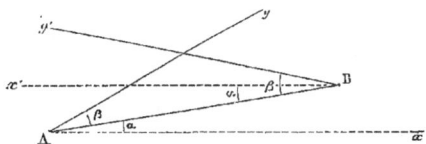

la position de l'axe et α l'angle que cet axe fait avec l'horizontale Ax; soit Ag une ligne quelconque invariablement liée au niveau et parallèle au plan de l'instrument; quand les extrémités des branches occupent les positions A et B, cette ligne fait avec AB un angle β et, par suite, avec l'horizontale un angle $\beta+\alpha$. Si, retournant le niveau bout pour bout, nous amenons A en B et réciproquement, la ligne Ag viendra en Bg', faisant avec AB le même angle β, mais avec l'horizontale un angle $\beta-\alpha$; l'inclinaison de Ag sur l'horizon a donc varié par suite du retournement de la quantité 2α, c'est-à-dire que l'on a :

$$\alpha = \frac{1}{2}(l-l')\,K.$$

Il est essentiel, dans cette mesure, de tenir compte des signes, afin de bien préciser le sens de l'inclinaison. Supposons que l'inclinaison soit positive dans le cas de la figure précédente, où le côté B est plus élevé que le côté A. Convenons d'appeler position directe du niveau celle pour laquelle le zéro des divisions se trouve du côté A et position inverse celle pour laquelle il est du côté B; convenons encore de donner le signe +

aux lectures faites dans la position directe du niveau et le signe — à celles qui sont faites dans la position inverse. Il est facile de s'assurer que l'inclinaison aura pour valeur $+\frac{1}{2}(l-l')K$, si, comme dans l'exemple ci-dessus, la bulle se trouve à la division l dans la position directe du niveau et à la division l' dans la position inverse. Cette formule sera donc générale, si aux inclinaisons négatives répondent des positions de l'axe telles que le point A soit, au contraire, plus élevé que le point B.

21. Quand la lunette est installée dans le méridien, l'axe horizontal est orienté dans la direction Est-Ouest; l'inclinaison de l'axe sera positive si le côté Ouest est un peu plus élevé que le côté Est; elle sera négative dans le cas contraire; pour appliquer la règle ci-dessus, il faudra donc considérer comme position directe du niveau celle pour laquelle le zéro des divisions est du côté de l'Est, et comme position inverse celle pour laquelle le zéro se trouve du côté de l'Ouest.

En d'autres termes, *la lecture de la position de la bulle est positive si les divisions vont en croissant de l'Est à l'Ouest, et négative dans le cas contraire.*

La bulle n'est pas un point mathématique, mais tous nos raisonnements s'appliquent à son centre dont la position correspond à la moyenne de celles de ses extrémités. On obtient la lecture correspondant au centre en faisant la demi-somme des lectures aux deux extrémités.

Soient donc a et b les lectures des extrémités dans la position directe, a' et b' celles qui correspondent à la position inverse, on a :

$$l = \frac{a+b}{2},$$

et

$$l' = \frac{a'+b'}{2};$$

on aura donc pour l'inclinaison α :

$$\alpha = \frac{a+b-(a'+b')}{4} \times K.$$

Généralement on exprime l'inclinaison en secondes de temps, ce qui se fait en divisant par 15 l'expression ci-dessus qui devient ainsi :

$$\{a+b-(a'+b')\}\frac{K}{60};$$

le coefficient $\frac{K}{60}$ est réduit en nombre et exprime alors une fraction de seconde; si, par exemple, on avait $K = 1'',78$, on trouverait $\frac{K}{60} = 0^s,0297$.

22. Pour déterminer la valeur de K, on place le niveau sur le tube de la lunette dont l'axe est rendu horizontal et fixé dans cette position. En agissant sur la vis de rappel, on fait varier l'inclinaison de l'axe de quantités qui sont déterminées par la lecture des microscopes. Faisant les lectures correspondantes des divisions qu'occupent les extrémités de la bulle, on a les éléments suffisants pour déterminer le rapport des déplacements de la bulle aux variations d'inclinaison du niveau et, par suite, la valeur angulaire des divisions.

Si l'instrument n'était pas muni de microscopes, il conviendrait d'avoir recours au fil mobile du micromètre en faisant tourner ce dernier de 90° dans sa monture. Le fil mobile devient ainsi horizontal et l'on peut, connaissant la valeur du tour de vis, mesurer les variations d'inclinaison de la lunette en déterminant le déplacement qu'il faut donner au fil mobile pour le ramener toujours sur un même point éloigné ou obtenu artificiellement avec un collimateur.

Voici un exemple de détermination de la valeur de K.

LECTURE DES MICROSCOPES.	LECTURES DE LA BULLE.	
$3^d,2$	$1^r,0$	$37^p,5$
$26,3$	$27,3$	$63,8$
$6,7$	$5,0$	$41,5$
$26,4$	$27,0$	$63,7$
$16,5$	$15,3$	$51,9$
$7,0$	$4,9$	$41,3$
$23,3$	$23,5$	$60,0$

La première colonne contient la moyenne des lectures

faites sur la couronne de l'écrou mobile; on s'est assuré, en
amenant le fil successivement sur deux divisions consécutives
du limbe distantes de 5 minutes, que cet intervalle angulaire
correspondait à $148^d,3$ de la couronne, ce qui donne la valeur
angulaire de la division [1]. La deuxième colonne contient les
lectures correspondantes faites aux deux extrémités de la bulle.
Combinons, par exemple, les deux premières observations. On
voit que, pour un déplacement de la lunette exprimé par
$23^d,1$ de la tête de vis, on a un déplacement de la bulle de
$26^p,3$; par une simple proportion on trouve qu'une partie du
niveau vaut $1'',78$ [2]. Si nous combinons ainsi chaque observation avec celle qui la précède et la suit, nous trouvons la
série des valeurs suivantes :

Pour $23^d,1$ du microscope, on a $26^p,3$ du niveau ... $1'',78$
      $19,6$ .... $22,3$ .... $1,78$
      $19,7$ .... $22,1$ .... $1,81$
        $9,9$ .... $11,75$ .... $1,70$
        $9,5$ .... $10,50$ .... $1,83$
     $16,3$ .... $18,65$ .... $1,77$

MOYENNE adoptée. .... $1,78$

En opérant ainsi, nous admettons que le niveau satisfait à
la condition théorique établie précédemment, c'est-à-dire que
les changements d'inclinaison sont proportionnels aux déplacements de la bulle. L'expérience semble, en effet, légitimer
cette supposition dans le cas présent, la valeur angulaire trou-

---

[1] Détail du calcul :

    $\log 300$ .... $= 2,47712$
    $\log 148,3$ .... $= 2,17114$

    log valeur angulaire d'une division de la couronne.. $= 0,30598$

[2] Détail du calcul :

    $\log 23^d,1$ .... $= 1,36361$
    log valeur division .... $= 0,30598$
    c' $\log 26,3$ .... $= 8,58004$

    log valeur angulaire d'une division du niveau..... $= 0,24963$
    Nombre correspondant .... $1'',78$

vée pour la division étant à peu près constante, quelles qu'aient été les positions des extrémités de la bulle.

Dans tous les cas, nous obtiendrons ainsi une valeur moyenne; mais il peut se faire que les inégalités de courbure du tube soient telles qu'il devienne nécessaire d'en tenir compte, et alors il conviendra de chercher les corrections de cette valeur moyenne pour toutes les positions de la bulle. On fera marcher la bulle dans les deux sens, par intervalles très petits, en lisant à chaque fois les microscopes. A chacune des lectures correspondra une équation où entrera la valeur angulaire d'une partie du niveau. La valeur moyenne étant connue, il est facile de disposer les équations de manière à faire porter les recherches sur les corrections de cette valeur moyenne qui seront variables d'une région à l'autre du tube.

On a rarement à pratiquer cette dernière méthode; il y a généralement dans un niveau une région moyenne suffisamment bien travaillée pour que les lectures de la bulle soient proportionnelles aux variations d'inclinaison. On détermine la valeur des divisions pour cette région, et l'on règle le niveau de manière à y maintenir la bulle.

23. Nous avons raisonné comme si l'axe horizontal de la lunette était tangible; en réalité, c'est une ligne idéale qui coïncide avec l'axe de figure commun des deux tourillons supposés cylindriques.

Fig. 9.

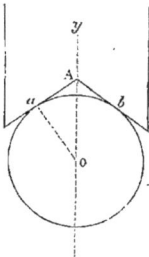

Les extrémités des branches verticales du niveau ont été entaillées en losanges, de manière à reposer sur les tourillons par deux points de contact a et b, symétriquement placés par rapport à la verticale Oy.

Si les deux tourillons ont des diamètres égaux, ce qui est vrai dans la plupart des cas, le point A, sommet de l'angle des deux faces de contact, sera toujours à la même hauteur au-dessus de l'axe OO', que le pied du niveau repose sur l'un ou sur l'autre des tourillons.

Il en sera de même du point A′, similaire de A pour l'autre pied, en sorte que la ligne AA′ conserve, dans les deux positions du niveau, la même inclinaison sur l'axe OO′; le raisonnement que l'on a fait au § 20 pour la ligne AB est donc applicable ici pour AA′ et l'inclinaison de OO′ sur l'horizon se déduit des lectures de la bulle, comme précédemment.

24. Il convient d'examiner le cas où les deux tourillons ont des diamètres différents. L'axe idéal passera encore par les centres des deux tourillons. Calculons la hauteur du point A au-dessus du point O. Soit r le rayon de l'un des tourillons et soit 2θ l'angle formé en A par les faces de contact du pied. On a $AO = \dfrac{r}{\sin\theta}$; on a de même pour l'autre tourillon $A'O' = \dfrac{r'}{\sin\theta'}$.

L'angle γ, formé par AA′ avec OO′, a donc pour valeur :

$$\gamma = \left[\frac{r'}{\sin\theta'} - \frac{r}{\sin\theta}\right]\frac{1}{d},$$

d désignant la distance des deux pieds du niveau.

Appelons α l'angle que fait l'axe OO′ avec l'horizontale (fig. 10). Nous supposerons que, dans les conditions de la fi-

Fig. 10.

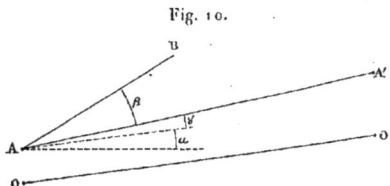

gure, l'angle α est positif et que le plus grand tourillon est en A′. Menons par A une horizontale et une parallèle à OO′, il est facile de voir que AA′ fait avec l'horizontale un angle égal à $\gamma + \alpha$.

Considérons une ligne quelconque AB liée au niveau et

faisant avec AA′ un angle β; AB fait avec l'horizon un angle égal à $\gamma + \alpha + \beta$.

Retournons le niveau bout pour bout (fig. 11); le point A′

Fig. 11.

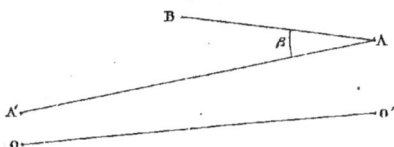

sera élevé au-dessus de O d'une quantité $\dfrac{r}{\sin\theta'}$, le point A sera au-dessus de O′ d'une quantité $\dfrac{r'}{\sin\theta}$. On a donc pour le nouvel angle γ' de AA′ avec OO′ la valeur suivante :

$$\gamma' = \left[\frac{r'}{\sin\theta} - \frac{r}{\sin\theta'} \right] \frac{1}{d}.$$

La ligne AA′ fait, du reste, avec l'horizon un angle égal à $\gamma' + \alpha$, et AB, par suite, fera après le retournement un angle $\beta - (\gamma' + \alpha)$ avec l'horizon. Or primitivement l'inclinaison de AB était $\beta + \gamma + \alpha$, la différence de ces deux valeurs, ou $2\alpha + \gamma + \gamma'$, est égale au changement d'inclinaison du niveau et représente la marche de la bulle par suite du retournement.

Si donc nous désignons par I_1 le résultat de l'opération ordinaire de nivellement, nous pouvons écrire :

$$I_1 = \alpha + \frac{\gamma + \gamma'}{2} = \alpha + \frac{r' - r}{2d}\left[\frac{1}{\sin\theta} + \frac{1}{\sin\theta'} \right].$$

Comme on l'a vu précédemment, le terme complémentaire s'annule, quelles que soient les valeurs de θ et θ', si les rayons r et r' sont égaux, et dans ce cas I_1 a pour valeur α.

Remarquons que si θ et θ' diffèrent, ce ne peut être que de très petites quantités, le constructeur ayant soin de rendre le niveau symétrique, et, eu égard à la petitesse de la quantité

$\frac{r'-r}{d}$, on peut rigoureusement remplacer $\frac{1}{\sin\theta}+\frac{1}{\sin\theta'}$ par $\frac{2}{\sin\theta}$
On a, par suite :

$$I_1 = \alpha + \frac{r'-r}{d\sin\theta},$$

et

$$\alpha = I_1 + \frac{r-r'}{d\sin\theta}$$

La correction à faire au résultat du nivellement a pour valeur $\frac{r-r'}{d\sin\theta}$, elle est constante, quelle que soit l'inclinaison de l'axe, tant que la lunette reste dans la même position. La formule est générale, si l'on a soin de remarquer que r désigne le rayon du tourillon de l'Est et r' celui de l'Ouest.

25. Il est impossible de mesurer directement les rayons r et r', dont la différence n'atteint presque jamais $\frac{1}{1000}$ de milli-mètre; mais cette différence se déduira, comme nous allons le voir, de la comparaison du nivellement, précédemment fait avec celui que l'on fera après avoir retourné l'axe lui-même bout pour bout sur ses coussinets. Ceux-ci sont formés, comme les surfaces de contact du niveau, de deux plans symétrique-ment placés par rapport à la verticale, faisant entre eux un angle 2φ. Supposons la lunette dans la première position et désignons par r le rayon du tourillon de l'Est, r' celui de l'Ouest (fig. 12). Il est facile de voir que le point O est plus

Fig. 12.

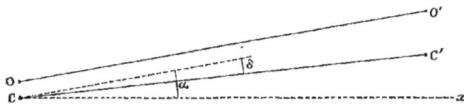

élevé que l'arête C des coussinets d'une quantité $\frac{\sin\varphi}{r}$ et que, de même, le point O' est plus élevé que C' de la quantité $\frac{\sin\varphi'}{r'}$, la ligne CC′ fera donc avec OO′ un angle δ dont la valeur est :

$$\delta = \left[\frac{r'}{\sin \varphi'} - \frac{r}{\sin \varphi} \right] \frac{1}{d},$$

et avec l'horizon un angle $\alpha - \delta$.

Retournons la lunette (fig. 13); le bout O′ sera à l'Est, le

Fig. 13.

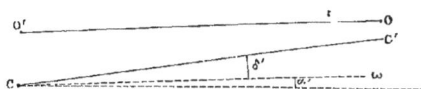

bout O à l'Ouest et l'axe O′O fera avec CC′ un nouvel angle δ' ayant pour valeur :

$$\delta' = \left[\frac{r'}{\sin \varphi} - \frac{r}{\sin \varphi'} \right] \frac{1}{d}.$$

L'axe O′O ou la ligne Cω qui lui est parallèle fait avec l'horizon Cx un angle α'. Par suite, l'angle de CC′ avec l'horizon aura pour valeur $\alpha' + \delta'$. Or la ligne CC′ n'a pas changé pendant le retournement, l'angle qu'elle fait avec l'horizon est resté le même; on a donc :

$$\alpha - \delta = \alpha' + \delta',$$

d'où l'on tire :

$$\alpha - \alpha' = \delta + \delta' = \frac{r'-r}{d} \left[\frac{1}{\sin \varphi} + \frac{1}{\sin \varphi'} \right].$$

Pour les mêmes raisons que précédemment, nous pourrons admettre que l'on a

$$\frac{1}{\sin \varphi} + \frac{1}{\sin \varphi'} = \frac{2}{\sin \varphi}.$$

On a donc enfin :

$$\alpha - \alpha' = \frac{2(r'-r)}{d \sin \varphi}.$$

Telle est la relation que l'on peut établir entre l'inclinaison α dans la première position et l'inclinaison α' après le retournement. Faisons un nivellement dans cette nouvelle position de l'axe; soit I_2 la valeur ainsi obtenue; reprenons la formule précédemment démontrée et remarquons que le tourillon de rayon r' se trouve à l'Est; il viendra :

$$I_2 = \alpha' + \frac{r - r'}{d \sin \theta},$$

et

$$\alpha' = I_2 + \frac{r' - r}{d \sin \theta}.$$

La correction constante du nivellement dans la deuxième position de la lunette est égale et de signe contraire à celle de la première position, ce qui devait être.

Retranchons I_2 de I_1, il viendra :

$$I_1 - I_2 = \alpha - \alpha' + \frac{r' - r}{d} \times \frac{2}{\sin \theta} = 2 \frac{r' - r}{d} \left[\frac{1}{\sin \theta} + \frac{1}{\sin \varphi} \right].$$

Les angles θ et φ sont, en général, égaux par construction; dans ce cas on aura :

$$I_1 - I_2 = \frac{4 (r' - r)}{d \sin \theta},$$

et il résulte de là que la correction constante à faire aux inclinaisons données par le niveau dans la première position de la lunette a pour valeur $\frac{I_2 - I_1}{4}$, et, dans la deuxième position, $\frac{I_1 - I_2}{4}$.

La quantité

$$\frac{1}{15} \frac{I_2 - I_1}{4},$$

qui est exprimée en secondes de temps, porte le nom d'inégalité des tourillons.

Voici un exemple de détermination de l'inégalité des tourillons :

Nivellement dans la position 1 :

$$\frac{1}{15} I_1 = + 7^p, 1 \times 0^s, 0297 = + 0^s, 21.$$

Nivellement dans la position 2 :

$$\frac{1}{15} I_2 = + 9^P,5 \times 0^s,0297 = + 0^s,28.$$

Inégalité des tourillons :

$$\frac{1}{15} \frac{I_2 - I_1}{4} = + 0^s,018.$$

Correction des nivellements dans la position 1 :

$$+ 0^s,018.$$

Correction des nivellements dans la position 2 :

$$- 0^s,018.$$

On a, du reste :

$$\frac{r' - r}{d \sin \theta} = \frac{I_1 - I_2}{4} = - 0'',27.$$

ce qui montre que le tourillon le plus gros se trouve du côté de l'Est dans la position 1, et du côté de l'Ouest dans la position 2.

26. On n'aura presque jamais à se préoccuper de l'inégalité des tourillons; cette quantité est si faible, en général, qu'elle échappe aux mesures faites avec le niveau. Le nivellement avec retournement de l'axe est une opération extrêmement délicate, que l'on ne peut se flatter de réussir avec un instrument méridien portatif; les erreurs de l'observation sont donc, en général, supérieures à l'inégalité des tourillons, et ce n'est qu'après s'être assuré, par une longue suite de mesures, de la persistance d'une inégalité dans les deux positions de la lunette, que l'on devra se décider à appliquer une correction au nivellement.

DU BAIN DE MERCURE. POINTÉ NADIRAL.

27. Si l'on dispose une lunette avec l'objectif en bas, verticalement au-dessus d'une surface réfléchissante horizontale,

3.

un bain de mercure, par exemple, les rayons lumineux qui, partant d'un point situé dans le plan focal principal, auront traversé l'objectif, viendront se réfléchir dans le bain et pourront, après réflexion, retraverser l'objectif et venir former une image dans le plan focal.

En effet, tous les rayons provenant d'un point situé dans le plan focal sortent de l'objectif parallèles entre eux ; la réflexion dans le bain transforme ce faisceau en un autre faisceau également cylindrique, et qui se concentrera en un point situé dans le plan focal principal, si la direction de la lunette est suffisamment rapprochée de la verticale.

Fig. 14.

À un faisceau sortant verticalement répondra un faisceau réfléchi exactement en sens contraire, et l'image viendra se former sur le point lumineux lui-même. Et réciproquement si, après réflexion, l'image d'un point coïncide avec ce point, le faisceau sortant de l'objectif est vertical et, par conséquent, la ligne qui joint ce point au centre optique est verticale. Il n'y a donc qu'un seul point de plan focal qui jouisse de cette propriété.

Soit O' ce point (fig. 14,) O le centre optique de l'objectif, et considérons un autre point quelconque A du plan focal.

Le plan de la figure sera le plan vertical qui passe par A et la verticale OO'.

Le rayon lumineux AO, qui passe par le centre optique, n'est pas dévié de sa direction primitive ; arrivé en P à la surface réfléchissante horizontale, il est renvoyé dans la direction Pα sans sortir du plan d'incidence et fait avec la verticale Py un angle yPα égal à l'angle d'incidence yPO. Or, d'après ce que nous avons vu, tous les rayons émanés de A forment, à la sortie du bain de mercure, un faisceau de rayons parallèles à une même direction ; Pα est donc cette direction ; l'un de ces rayons P'O repassera par le centre optique sans déviation, pour aboutir à A′, image du point A. Cette image est donc symétriquement placée par rapport à O′ dans le plan focal principal.

Il en sera de même pour tout autre point du plan focal principal, en sorte que l'on peut dire qu'une figure quelconque tracée dans ce plan aura pour image une figure symétrique par rapport au point O′.

Il suit de là qu'une ligne droite a pour image une autre ligne droite, parallèle à la première, et qu'une ligne droite, passant par O′, recouvre son image; réciproquement, si une ligne droite recouvre son image, elle passe par le point O′.

28. Ces propriétés fournissent un moyen très précieux d'obtenir une ligne rigoureusement verticale, puisque le bain de mercure forme une surface réfléchissante d'une horizontalité parfaite. Elles sont utilisées dans les observations méridiennes pour la détermination des hauteurs des astres ou pour celle des erreurs instrumentales de collimation et d'inclinaison dont nous aurons à parler plus tard. Dans les deux cas, ce sont les images des fils du réticule qui viennent, après réflexion, se former dans le plan focal de l'objectif. Ces images sont négatives; on les obtient en disposant au-dessus de l'oculaire, débarrassé au préalable du prisme à réflexion totale, un petit appareil à chambre claire. Les rayons de la lampe pénètrent à travers une lentille à très court foyer dont l'axe est horizontal, puis se réfléchissent sur une glace sans tain inclinée à 45° sur l'horizon qui les renvoie verticalement à travers l'oculaire. Ces rayons reviennent, après réflexion dans le bain de mercure, illuminer très vivement le champ; l'observateur regardant à travers la glace verra les fils du réticule et leurs images se détacher en noir sur ce fond brillant auquel il arrivera, après quelques tâtonnements, à donner la clarté convenable.

On peut installer la lampe à poste fixe ou la tenir à la main; quelques observateurs préfèrent ce dernier moyen qui abrège beaucoup la période des tâtonnements.

Le fond de la cuvette à mercure est formé par des rainures circulaires concentriques, qui sont destinées à faire obstacle au développement des ondulations du liquide. Un trou, qui est pratiqué dans la cuvette et peut être fermé par un bouchon à vis, facilite le déversement du mercure. Le couvercle est percé d'une ouverture circulaire de la grandeur de l'objectif et dont le centre est assez éloigné de celui de la boîte. Il faut avoir soin d'orienter cette ligne des centres parallèlement au fil dont on veut observer l'image et, par suite, la placer Est-Ouest pour les observations de hauteurs et Nord-Sud s'il s'agit de mesures à faire sur les fils horaires. On sera sûr, de cette manière, de toujours couper normalement les principales lignes d'ondulations, et d'obtenir la plus grande netteté possible pour les images.

En vue d'augmenter la fixité des images, on emploie depuis quelque temps, dans les observatoires, du mercure un peu amalgamé pour le pointé du nadir. On se sert, pour atteindre ce but, d'une cuvette formée d'un alliage légèrement soluble dans le mercure, et l'on en recouvre le fond d'une couche très mince de ce dernier métal. L'expérience semble prouver que, dans ces conditions, la surface supérieure continue à rester parfaitement horizontale, quoique le liquide soit devenu moins mobile, et l'on obtient des images très tranquilles et très nettes.

INSTALLATION DU CERCLE.

29. Dans le choix de l'emplacement destiné aux observations, il faut se laisser guider, autant que possible, par les considérations suivantes. Le terrain doit être solide, situé loin des habitations et des chemins fréquentés par les voitures, et dans un endroit où l'horizon soit dégagé au Sud et au Nord, et où cependant on soit un peu abrité du vent. Il faut pouvoir disposer aussi, d'un côté ou de l'autre, d'une bande de terrain orientée dans le méridien, ayant une longueur égale à la distance focale de l'objectif de mire, qui peut varier de 5o à 2oo mètres environ. L'observateur satisfera autant que possible à ces conditions diverses dont il est à même d'apprécier l'importance relative.

L'emplacement choisi, il faut déterminer la direction du méridien avec une boussole, un compas de relèvement ou mieux encore avec le théodolite en relevant le soleil, et puis jalonner cette direction. L'emplacement du pilier une fois marqué, il sera facile d'orienter convenablement ses quatre faces.

30. L'observateur devra porter toute son attention à la construction du pilier d'observation. Le rocher à fleur de terre offre les conditions les plus avantageuses pour la fondation, à cause de sa solidité parfaite; mais il est rare de trouver le roc dans un endroit où le sol soit suffisamment uni pour que la cabane et la mire puissent être commodément installées.

En dehors de ce cas, où il suffit d'asseoir la maçonnerie sur le sol, il faudra creuser à une certaine profondeur variable suivant le degré de consistance du terrain, et donner au pilier une large base de fondation.

Il faut éviter autant que possible les terrains rapportés ou les terrains marécageux; dans les cas où l'on ne peut faire autrement que de s'y établir, on a encore la ressource d'affermir le sol en enfonçant et faisant battre quelques pilots au-dessus desquels on dispose les assises de la fondation.

Les mêmes précautions sont nécessaires, quoique à un moindre degré, pour les piliers destinés à supporter la mire et l'objectif de mire.

On construit le pilier d'observation en maçonnerie ordinaire, briques ou moellons, en ayant soin toutefois de le terminer, à sa partie supérieure, par une pierre plate suffisamment grande pour recevoir le pied de l'instrument et le chronomètre, et dont la face extérieure soit bien horizontale. On s'exposerait, en négligeant cette dernière précaution, à rendre très difficile l'usage du bain de mercure.

On tiendra compte, pour la hauteur du pilier, de l'élévation au-dessus du sol du plancher de la cabane, c'est-à-dire de $0^m,30$ à $0^m,60$ à peu près; le pilier devra s'élever de 1 mètre environ au-dessus de ce plancher. Cette dimension n'a rien d'absolu, elle convient à la moyenne de ceux qui observent debout. Certains observateurs, préoccupés avant tout du pointé nadiral, ou préférant s'asseoir ou s'agenouiller devant leur instrument, trouveront cette hauteur exagérée; un pilier de 50 centimètres de hauteur leur suffit en général. Nous conseillons à ceux qui n'ont pas d'idées préconçues d'observer debout avec un pilier bien élevé; ils éprouveront, en réalité, beaucoup moins de fatigue que dans toute autre position, et pourront beaucoup plus aisément se passer d'un aide.

31. On construira la cabane méridienne comme on le voudra ou comme le permettront les circonstances locales, en planches ou en toile, en orientant l'arête du toit Nord-Sud ou bien Est-Ouest : il importe peu. Le seul point essentiel, c'est d'établir le plancher de telle sorte que les poids qu'il a à supporter soient reportés aussi loin que possible du pilier.

Les planches aboutissant aux faces du pilier doivent reposer sur des traverses qui prennent leur point d'appui sur les poutres maîtresses de la cabane. Les extrémités de ces planches viendront à petite distance du pilier, mais sans le toucher, de

telle sorte qu'il soit isolé et soustrait aux trépidations provenant du déplacement de l'observateur.

32. Quand la maçonnerie du pilier est bien sèche, on met
en place le pied de l'instrument avec ses crapaudines, en orientant, s'il s'agit des modèles nos 1 et 2, la ligne qui va du centre
à l'une des vis, suivant la direction Est-Ouest. Cette précaution est nécessaire pour que l'on puisse changer l'inclinaison
dans le plan Est-Ouest sans influencer l'azimut de l'instrument.

Les crapaudines reposeront sur une mince couche de ciment,
et seront recouvertes par une autre couche formant bourrelet
tout autour. On aura pris, au préalable, la précaution de diriger les rainures vers le centre du cercle passant par les pieds
des trois vis calantes.

Dans la plupart des boîtes d'accessoires, on trouvera l'outillage nécessaire pour faire un scellement au soufre; au
moyen d'une mèche fixe adaptée à un vilebrequin, on creuse
dans la pierre un trou étroit, suffisant pour recevoir l'axe
d'une autre mèche très large qui sert à entailler la pierre à la
profondeur de 5 millimètres environ. Dans la cavité ainsi
creusée, on verse du soufre en fusion et l'on place la crapaudine par-dessus; ce scellement est très solide; on l'emploie
quand le ciment fait défaut.

On procède ensuite aux opérations nécessaires pour rendre
à peu près vertical l'axe autour duquel peut tourner la partie
supérieure du pied. Pour cela, on met en place la lunette et
le grand niveau, et, amenant, par une rotation convenable,
l'axe horizontal parallèlement à la ligne qui joint deux des vis
calantes du pied, on agit sur ces deux vis en sens contraires
jusqu'à ce que la bulle du niveau vienne au milieu du tube.
Puis, par un nouveau mouvement azimutal, on rend l'axe
horizontal perpendiculaire à sa première direction et l'on agit
sur la troisième vis toute seule jusqu'à ce que la bulle soit
encore au milieu du tube. En revenant à la position première,
on vérifie que la bulle est restée en place et l'on rectifie au
besoin.

Cette manière d'opérer suppose le niveau réglé; en général,

il l'est suffisamment, et l'on s'en assure en faisant tourner l'instrument de 180° autour de l'axe vertical, la bulle ne doit pas s'éloigner beaucoup de sa position d'équilibre. Dans ce cas, on considère la rectification de l'axe vertical comme suffisante: il serait inutile, du reste, de chercher une approximation que ne comporte pas la nature du joint qui réunit les deux portions du pied.

Le réglage du niveau, quand on est dans l'obligation de le faire au début d'une installation, est une opération difficile et souvent fort longue, à cause du peu d'étendue de la course de la bulle. Il faut, dans ce cas, procéder par retournements successifs du niveau sur les tourillons de l'axe horizontal placé dans la direction de l'une des vis du pied. On agit sur cette vis pour amener la bulle au milieu du tube, puis on retourne le niveau bout pour bout sans déplacer la lunette; la bulle s'en va tout entière d'un côté ou de l'autre du tube. On agit de nouveau sur la vis du pied pour faire revenir la bulle au milieu du tube, en essayant d'apprécier l'angle dont on a tourné la tête pour produire ce résultat; on revient en arrière de la moitié de cet angle et on amène la bulle au milieu du tube, au moyen de la vis de réglage du niveau. Si, comme il est probable, on n'a pas réussi du premier coup à régler le niveau, on sera toujours plus près du réglage qu'au début; on recommencera donc la série des opérations jusqu'à ce que, dans le retournement, la bulle ne quitte plus le milieu du tube.

33. On remarquera que, par suite de l'existence du mouvement azimutal, nous n'avons pas eu à nous préoccuper, pour installer le pied, de la direction du méridien, si ce n'est d'une manière approximative, pour orienter à peu près dans cette direction la ligne qui passe par deux des vis calantes. C'est là un avantage pour ce modèle d'instruments, mais il faut ajouter que c'est le seul et qu'il est plus que compensé par l'inconvénient d'une stabilité beaucoup moindre que celle que donne le pied absolument rigide adopté pour les instruments méridiens du plus grand modèle.

Par contre, faut-il, pour installer ceux-ci, se préoccuper davantage de la direction du méridien, à cause des limites extrêmement faibles entre lesquelles est circonscrit le mouvement en azimut. Ce mouvement se produit au moyen d'une crapaudine de forme particulière, composée d'une partie inférieure fixée sur le pilier et d'une partie supérieure mobile par rapport à la première; le mouvement peut être arrêté au moyen de deux vis buttantes qui prennent leur point d'appui sur la partie inférieure et viennent serrer les deux faces opposées de la partie mobile. Pour installer l'instrument, il faut, au préalable, marquer la direction du méridien en plaçant, à une centaine de mètres, un piquet sur la ligne Nord-Sud qui passe par le centre du pilier. Après avoir nivelé de manière à rendre à peu près horizontale la platine du pied, on dirige la lunette vers le piquet en ayant soin de tirer le porte-oculaire de manière à se rapprocher autant que possible du plan focal correspondant à sa distance, et l'on tourne l'instrument en faisant glisser les crapaudines sur le pilier, jusqu'à ce que l'image du piquet vienne au milieu du champ. Il sera même prudent de ne sceller les crapaudines qu'après s'être assuré, par une observation préliminaire, que l'instrument est suffisamment près du méridien.

RECTIFICATIONS DE LA LUNETTE.

L'instrument ainsi disposé, on procédera aux diverses opérations qui ont pour but de rectifier la lunette et la position du cercle de calage, et de rendre horizontale la ligne des tourillons.

34. *Mise au point.* — On desserre le petit collier qui retient l'oculaire dans sa gaine et on le fait mouvoir en le rapprochant ou en l'écartant des fils du réticule jusqu'à ce que l'image du fil, qui apparaît bien en face de l'oculaire, soit aussi nette que possible. Puis on serre la vis du petit collier pour que l'oculaire soit maintenu à une distance invariable des fils.

On desserre ensuite la vis du grand collier qui se trouve à

l'extrémité du tube de la lunette et, dirigeant celle-ci vers une
étoile brillante ou vers le disque de la lune, s'il est visible, on
fait mouvoir le porte-oculaire, jusqu'à ce que l'image de l'étoile
ou d'une tache de la lune apparaisse avec la plus grande netteté.
Cela fait, on serre la vis du grand collier et l'on amène tout
contre l'extrémité du tube un autre collier mobile qui peut
glisser autour du porte-oculaire, et on le fixe dans cette position au moyen de sa vis. En rendant de nouveau libre le
porte-oculaire, on pourra le faire tourner autour de son axe
sans sortir les fils du réticule du plan focal où l'on vient de
les mettre.

Quand on dispose d'un horizon assez étendu pour voir des
objets terrestres à cinq ou six kilomètres de distance, il peut
sembler indifférent de mettre au point sur un astre ou sur ces
objets si éloignés. Nous croyons avoir suffisamment expliqué
au § 10 pourquoi, en raison de la faculté d'accommodation
de l'œil, cette dernière manière d'opérer pourra donner un
résultat différent de celui que l'on obtiendrait avec un point
du ciel.

35. *Orientation du réticule dans le plan focal.* — Pour rendre
les fils horaires perpendiculaires à l'axe de rotation de la lunette, on amène l'un d'entre eux à coïncider avec l'image d'un
point fixe éloigné; puis, laissant le pied immobile, on fait
mouvoir la lunette en hauteur; quand les fils sont perpendiculaires à l'axe de rotation, l'image du point éloigné doit se
mouvoir en restant exactement derrière le fil; on fait tourner
le porte-oculaire sur lui-même jusqu'à ce que cette condition
soit remplie, et on le fixe définitivement en serrant la vis du
collier qui se trouve à l'extrémité du tube de la lunette.

Le fil mobile peut parcourir presque toute l'étendue du
champ en restant parallèle aux fils horaires; sa position est
déterminée, comme nous l'avons vu, par les lectures que l'on
fait sur le peigne pour les unités de tours et sur le tambour
de l'écrou mobile pour les fractions de tour. Les lectures vont
en croissant quand le fil se rapproche de l'écrou mobile, c'est-
à-dire quand on visse; le sens dans lequel ces lectures croissent

détermine la position de la lunette. On dit que la lunette est dans la position directe, quand les astres, à leur culmination supérieure, parcourent le champ dans le sens même où les lectures du fil mobile vont en croissant; la position inverse correspond au cas où les images des étoiles parcourent le champ dans un sens opposé au précédent, et l'on passe de la position directe à la position inverse en retournant l'axe horizontal bout pour bout, de manière que chaque tourillon vienne reposer sur le coussinet que l'autre occupait primitivement.

Généralement on convient aussi que, dans la position directe, le cercle des hauteurs doit être du côté de l'Ouest; il se trouvera, par suite, à l'Est dans la position inverse. Les images des astres se meuvent de l'Ouest à l'Est dans le plan focal, c'est donc dans ce sens que les lectures du fil mobile doivent augmenter; on voit aussi que, dans la position directe, la tête de l'écrou mobile doit se trouver à l'Est; elle est, par suite, du côté opposé au cercle des hauteurs. On a soin de vérifier si le constructeur a réalisé cette dernière condition, et, dans le cas contraire, on fait tourner le porte-oculaire de 180° dans sa monture avant de rectifier l'orientation des fils [1].

36. *Détermination de l'axe géométrique de la lunette.* — Concevons un plan mené par le centre optique de l'objectif perpendiculairement à l'axe horizontal, et, dans ce plan, la ligne qui va du centre optique jusqu'au fil horizontal du réticule. Cette ligne sera l'axe géométrique de la lunette. La direction de la lunette est définie par celle de l'axe géométrique.

Le plan mené par le centre optique perpendiculairement à l'axe horizontal peut être défini par la lecture du fil mobile, quand ce fil est contenu dans ce plan; l'axe géométrique sera donc la ligne de visée passant par l'intersection du fil horizontal avec cette position du fil mobile. On détermine cette position de la manière suivante :

On dirige la lunette vers un point éloigné bien défini, et

[1] Cette condition se trouve réalisée pour les figures 1 et 2 qui représentent des instruments appartenant au dépôt de la marine. Elle n'est pas réalisée pour la figure 4.

l'on amène le fil mobile sur ce point; soit v la lecture obtenue; on retourne la lunette bout pour bout sur les tourillons de l'axe, et l'on amène encore le fil mobile sur le même point éloigné; soit v' la lecture obtenue dans cette nouvelle position.

La lecture v_o correspondant à l'axe géométrique de la lunette sera $\dfrac{v+v'}{2}$.

Remarquons en effet que, si, par suite du retournement de l'axe, le plan défini précédemment a pu changer de position, il sera, du moins, resté parallèle à lui-même; d'autre part, si l'objet est suffisamment éloigné, la ligne qui le joint au centre optique aura la même direction dans l'espace. L'image du point éloigné conserve donc la même position par rapport à l'axe géométrique de la lunette. Mais, par suite du retournement, le fil mobile se trouve occuper, par rapport à cet axe, une position symétrique de celle qu'il occupait précédemment; il est donc nécessaire, pour qu'il revienne sur l'image du point éloigné, de le faire mouvoir de la quantité $v_o - v$ qui le sépare de l'axe géométrique, et, en plus, de la quantité égale $v' - v_o$ qui sépare l'image de ce même axe. On a donc

$$v_o = \frac{v + v'}{2}.$$

On désigne généralement sous le nom de fil sans collimation la position du fil mobile qui correspond à la lecture v_o ainsi déterminée.

Quand l'horizon de l'observateur est limité, il peut se procurer artificiellement un point éloigné en disposant en regard de l'objectif la lunette d'un théodolite ou de tout autre instrument dont les fils soient bien au point. Les lignes de visée des deux lunettes étant opposées l'une à l'autre, on obtient au foyer de l'une quelconque d'entre elles l'image nette des fils de l'autre; cette image semble venir de l'infini, car le faisceau des rayons émanés d'un point situé dans le plan focal est cylindrique à sa sortie de l'objectif. En prenant pour point de visée l'intersection de deux des fils du réticule, on satisfait à la condition cherchée.

37. *Rectification de l'axe optique.* — On définit l'axe optique

d'une lunette dont le réticule est composé de deux fils croisés seulement, par la ligne de visée unique qui joint le centre optique au point de croisement des fils. La rectification de l'axe optique consiste à faire coïncider cette ligne avec l'axe géométrique de la lunette.

Le réticule de la lunette méridienne comprenant plusieurs fils fixes perpendiculaires à l'axe de rotation, on définit l'axe optique en joignant le centre de l'objectif à un point du plan focal obtenu par l'intersection du fil horizontal et d'un fil idéal qui occuperait la moyenne des positions de tous les fils horaires. Ceux-ci étant également espacés, le fil idéal coïncidera, à très peu près, avec le fil du milieu, s'ils sont en nombre impair, ou occupera le milieu de l'intervalle qui sépare les deux fils moyens, s'ils sont en nombre pair.

Ayant déterminé comme il vient d'être dit, la position du fil sans collimation, on amènera le fil mobile dans cette position ; le nombre des fils étant impair, le fil du milieu devra coïncider avec le fil mobile ; si cela n'avait pas lieu, il faudrait, après avoir desserré les vis de pression qui retiennent le châssis des fils fixes, agir sur la vis de réglage du micromètre jusqu'à ce que la coïncidence fût produite. Quand le nombre des fils est pair, il faut, au préalable, déterminer la position du fil moyen, en amenant le fil mobile en coïncidence avec chacun des fils fixes et en faisant la lecture correspondante. La moyenne des lectures correspondra évidemment, si la vis est bien construite, à la moyenne des positions des fils fixes. Soit v_m la moyenne des lectures ; si $v_m = v_o$ l'axe optique coïncide avec l'axe géométrique, mais, si ces deux valeurs diffèrent d'une quantité notable, on corrige de leur différence la lecture d'un quelconque des fils fixes, on amène le fil mobile dans la position corrigée, et l'on agit sur la vis de réglage pour produire la coïncidence du fil mobile et du fil fixe voisin.

On resserre les vis de pression quand la correction est faite. Remarquons que le peigne qui sert au repérage du fil mobile fait corps avec le châssis qui porte les fils fixes ; si donc l'on a dû corriger d'une quantité un peu notable la position de ces fils, il sera nécessaire, pour remettre d'accord la graduation du tambour de l'écrou mobile et celle du peigne, de faire tourner à frottement le tambour sur son axe. Mais, par ce fait, toutes les lectures précédentes seront perdues, et il deviendra nécessaire de déterminer, par de nouvelles mesures, la position de l'axe géométrique de la lunette. Cet inconvénient serait évité si l'on substituait au peigne, pour la détermination des unités de tours, une roue additionnelle engrenant avec l'écrou de la vis micrométrique.

38. La rectification de l'axe optique devrait se faire d'après un principe un peu différent, si la lunette n'était pas pourvue d'un fil mobile. Dans ce cas, le nombre des fils est toujours impair, et le fil du milieu coïncide, à très peu près, avec la moyenne. On dispose horizontalement, à une très grande distance, une règle divisée, et, dirigeant la lunette de ce côté, on lit la division sur laquelle tombe le fil du milieu. On retourne la lunette et l'on fait la même opération dans la position inverse. Si la lecture est la même, l'axe optique coïncide avec l'axe géométrique de la lunette ; si la lecture est différente, on fait mouvoir le réticule jusqu'à ce que le fil du milieu tombe sur la division qui correspond à la moyenne des lectures dans les deux positions de la lunette. On peut, du reste, se passer d'une règle si l'horizon est terminé par une série de points éloignés remarquables ; il suffit d'avoir un repère fixe et d'estimer les distances du fil à ce repère dans les deux positions de la lunette. Faute d'horizon on se sert des fils d'un théodolite collimateur dont la lunette est dirigée sur celle de l'instrument méridien.

39. *Rectification du cercle de calage.* — Nous distinguerons deux cas, suivant que l'instrument méridien sera pourvu d'un cercle de hauteurs avec diamètre vertical et verniers, ou que ce cercle sera disposé pour l'usage des microscopes.

Dans le premier cas, pour la position directe de la lunette, le cercle doit indiquer la hauteur de l'axe optique au-dessus de l'horizon Sud. Il faut donc qu'en visant à cet horizon les lectures des verniers soient o et 180°, et qu'en pointant le nadir on ait pour lectures 270° et 90°.

L'instrument étant supposé très près du méridien et dans la position directe, on dispose le bain de mercure et l'on tourne la lunette vers le nadir, de manière que les zéros des verniers se trouvent en regard des divisions 270° et 90° du limbe. Si, dans cette position, le fil horizontal ne coïncide pas avec son image réfléchie, on agit sur la vis buttante du diamètre vertical (voyez § 2) jusqu'à ce que la coïncidence ait lieu. On est sûr, de cette manière, que l'axe optique de la lunette sera parfaitement vertical. On répète la même opération dans la position inverse de la lunette. L'instrument est alors disposé pour que, dans la position directe, on lise aux verniers les hauteurs des astres au-dessus de l'horizon Sud, et, dans la position inverse, les hauteurs au-dessus de l'horizon Nord.

On peut faire cette rectification sans bain de mercure, en se servant du niveau fixé au cercle vertical. La lunette étant dans la position directe, on amène le fil horizontal en coïncidence avec l'image d'un point fixe éloigné, et l'on fait la lecture des verniers et celle de la position de la bulle du niveau. Puis on retourne la lunette et l'on agit sur la vis buttante du diamètre vertical jusqu'à ce que, dans la nouvelle position, la bulle du niveau soit comprise entre les mêmes repères.

Le cercle des hauteurs occupera donc, par rapport à la verticale, une position exactement pareille à celle qu'il occupait précédemment, et la lunette sera dirigée vers le point de l'horizon symétrique du premier par rapport à la verticale. Si maintenant on ramène la lunette sur le premier point visé, elle décrira un angle égal au double de la distance zénithale du point, angle mesuré par la différence des lectures des verniers dans la première et dans la deuxième position. Retranchant la distance zénithale de 90°, on obtient la hauteur du point fixe au-dessus de l'horizon ; il suffit alors d'amener la division correspondante du limbe en regard du zéro des verniers, et d'agir sur la vis buttante du diamètre jusqu'à ce que l'image du point fixe revienne sur le fil horizontal. On fait cette opération dans la position directe et dans la position inverse de

4

l'instrument, en ayant soin de remarquer que les lectures du
limbe doivent être supplémentaires dans ces deux positions.

40. Considérons maintenant le deuxième cas, où l'instrument est pourvu d'un cercle de hauteurs dont les lectures se
font au moyen des viseurs ou de l'index des microscopes. On
peut, grâce à la mobilité du cercle autour de l'axe horizontal,
l'amener, par une opération analogue à celle qui vient d'être
décrite, dans une position telle, que la lecture indique la hauteur des astres visés au-dessus de l'horizon. Mais on ne s'astreint pas, en général, à cette condition ; il peut même y avoir
avantage, en vue d'obvier aux erreurs de graduation, à faire
les lectures en divers points du cercle, ce qui oblige à faire
varier la lecture du nadir. Le cas actuel ne comporte donc
pas une rectification proprement dite, mais une détermination
de la position du cercle, qui s'obtient au moyen du pointé du
nadir ; le calage de la lunette se déduit de la lecture correspondante et de la distance polaire de l'astre observé.

Supposons que la graduation du cercle augmente dans le
sens direct, et que l'on ait pour le nadir une lecture n au viseur ou à l'index des microscopes ; si le cercle est à l'Ouest,
la lecture diminuera de $90°$ quand l'axe optique de la lunette
viendra du nadir jusqu'à l'horizon Nord, et de $90° + l$ si ce
mouvement est prolongé jusqu'au pôle Nord ; l désigne la latitude du lieu, qui doit être prise négativement si le lieu d'observation appartient à l'hémisphère austral ; la lecture correspondant à la direction du pôle Nord est donc $n - (90° + l)$ si
le cercle est à l'Ouest. On verrait sans peine qu'elle deviendra
$n + 90° + l$ si le cercle est à l'Est. Pour une étoile dont la distance au pôle Nord est δ, on a une lecture du limbe qui est :
$n - (90° + l + \delta)$ si le cercle est à l'Ouest, et $n + 90° + l + \delta$
si le cercle est à l'Est.

Quelquefois on s'arrange pour que, dans la position où l'on
observe le plus fréquemment, cercle à l'Ouest, par exemple,
la lecture correspondant au pôle Nord soit o. Cela exige que
l'on ait pour la lecture du nadir $90° + l$; le cercle indique,
dans ce cas, le complément à $360°$ de la distance polaire de

l'astre. Si l'on voulait réaliser la même condition pour la position inverse dans laquelle le cercle est à l'Est, la lecture du nadir deviendrait $270° - l$, et le cercle indiquerait la distance polaire de l'astre [1].

Dans les deux cas il faut considérer comme négatives les distances polaires des astres quand ils passent au méridien inférieur.

41. *Rectification de l'horizontalité de l'axe.* — Il nous reste enfin, avant d'amener la lunette exactement dans le méridien, à rendre sensiblement horizontale la ligne des tourillons. Les explications qui ont été données précédemment nous dispensent d'entrer dans des détails sur cette opération que son énoncé suffit à faire comprendre. On place le niveau sur les tourillons, et l'on agit sur la vis de réglage du pied, jusqu'à ce que les extrémités de la bulle deviennent visibles ; on fait la lecture quand la bulle est en équilibre. Retournant le niveau, on lit encore la position des extrémités de la bulle. Si ces deux lectures sont égales, on en conclut que l'axe est horizontal ; si elles sont très peu différentes, on se dispense de recourir à une rectification plus précise, qu'il est plus utile de renvoyer après l'installation définitive de la lunette dans le méridien. Quand, au contraire, les lectures, dans les deux positions du niveau, diffèrent beaucoup, on fait leur moyenne, et l'on agit sur la vis de réglage du pied, jusqu'à ce que la bulle occupe la position moyenne ainsi déterminée.

MANIÈRE D'OPÉRER POUR AMENER LA LUNETTE DANS LE MÉRIDIEN.

42. La ligne des tourillons étant horizontale, et l'instrument ayant été amené très près du méridien, il reste à le mettre exactement et à le fixer dans cette direction. Il suffit

---

[1] On peut encore placer le cercle de telle sorte que, dans la position Ouest, la division o corresponde à l'équateur ; on lit directement au cercle la déclinaison des étoiles septentrionales, et le complément à 360° de la déclinaison des étoiles australes.

4.

pour cela de connaître l'heure du lieu, afin de pouvoir calculer le moment précis du passage d'une étoile au méridien ; on dirigera le fil sans collimation de la lunette vers l'astre au moment de son passage, et l'instrument sera orienté. On choisira de préférence une étoile voisine du pôle, parce que son mouvement très lent rend le pointé plus facile, et aussi parce qu'une erreur commise sur l'heure a moins d'importance que si l'étoile était animée d'un mouvement rapide.

L'observateur aura à sa disposition un chronomètre marchant sur le temps moyen ou sur le temps sidéral. Il déterminera l'état absolu de ce chronomètre en observant au sextant ou au théodolite des hauteurs de soleil ou d'étoiles.

L'heure sidérale du passage au méridien d'une étoile n'est autre que son ascension droite exprimée en temps ; il suffit donc, pour avoir l'heure que marque un chronomètre sidéral au moment du passage d'une étoile au méridien supérieur, d'ajouter à l'ascension droite de l'étoile l'avance du chronomètre sur le temps sidéral. Pour les passages au méridien inférieur on ajoute 12 heures à ce résultat.

Si le chronomètre marche avec le temps moyen, il faut, au préalable, calculer l'heure temps moyen du passage de l'étoile au méridien, c'est-à-dire faire une conversion de temps sidéral en temps moyen, puis on calculera comme précédemment l'heure au chronomètre, en ajoutant à l'heure temps moyen du passage, l'avance connue du chronomètre sur le temps moyen.

EXEMPLE I. Le chronomètre marche avec le temps sidéral. Le 15 mai 1877, à Paris, on se propose d'amener la lunette dans le méridien en visant la polaire à son passage inférieur.

Avance du chronomètre sur le temps sidéral...... $2^h 34^m 12^s 8$
Ascension droite de la polaire (CT, page 381)....   1 12 46 2
                                                   + 12 00 00
                                                   ─────────────
Heure au chronomètre au moment du passage....   15 46 59 0

Les erreurs de 12 heures ne sont pas à craindre si l'on a

soin de calculer approximativement l'heure moyenne du passage de l'étoile.

Exemple II. Le chronomètre marche avec le temps moyen; son avance sur le temps moyen est $5^h 27^m 38^s 3$; les autres données sont celles du précédent exemple.

Heure sidérale du passage de l'étoile	13^h	12^m	$46^s 2$
Heure sidérale à midi moyen (C T, page 23)	3	33	14 6
Intervalle de temps sidéral depuis midi jusqu'au passage de l'étoile	9	39	31 6
Correction pour convertir le temps sidéral en temps moyen (table V, C T, page 666)		— 1	34 9
Temps moyen du passage de l'étoile	9	37	56 7
Avance du chronomètre sur le temps moyen	5	27	38 3
Heure que marque le chronomètre au passage	15	5	35 0

43. Voici maintenant quelques détails sur la manière de procéder à l'opération du réglage en azimut. Nous distinguerons deux cas :

1° Le pied est à mouvement azimutal. Quelques minutes avant le passage, après avoir calé la lunette en hauteur, on fait tourner l'instrument à la main autour de l'axe vertical du pied jusqu'à ce que l'image de l'étoile vienne sur le fil du milieu ; si le nombre des fils était pair, on se servirait du fil mobile mis dans la position du fil sans collimation; puis on serre, au moyen de la tige en fer, celle des vis qui appartient au mouvement de rappel du pied, et l'on dévisse complètement le buttoir qui fait tourner l'instrument en sens contraire du mouvement de l'étoile. L'action de l'autre buttoir peut s'exercer librement, et l'on suit facilement, en le faisant tourner, le mouvement de l'étoile qui devra rester constamment derrière le fil jusqu'à ce que le chronomètre marque l'heure du passage de l'étoile au méridien. On arrête à ce moment le mouvement du buttoir, on revisse jusqu'au bout celui qui avait été primitivement dévissé, et enfin on serre fortement la seconde vis qui contribue à rendre solidaires les deux parties du pied.

2° Le pied est rigide, et le mouvement en azimut a lieu au moyen d'une crapaudine mobile. Quelques minutes avant le passage, on amène, au moyen des vis buttantes de la crapaudine, la lunette dans la direction de l'étoile, de manière que celle-ci soit bissectée par le fil du milieu ou le fil sans collimation. Puis on dévisse celui des buttoirs qui tendrait à faire marcher l'instrument en sens contraire du mouvement de l'étoile, et, en agissant par de très petits mouvements sur l'autre buttoir, on suit l'étoile jusqu'à l'heure de son passage au méridien. On revisse le premier buttoir pour empêcher tout mouvement ultérieur de la crapaudine.

La méthode que nous venons d'indiquer est générale ; elle est applicable quel que soit l'emplacement choisi pour l'observatoire, pourvu que l'on ait à sa disposition un sextant et un horizon artificiel pour régler son chronomètre, et, si l'on a opéré avec une étoile très voisine du pôle, on sera à peu près sûr d'être exactement dans le méridien. Si l'horizon est dégagé et que l'on ait fait au théodolite une observation d'azimut, on peut encore remarquer le point de l'horizon situé au Nord ou au Sud, et diriger la lunette de manière à ce que le fil sans collimation coïncide avec ce point. Mais, en général, on sera moins sûr de sa position qu'en employant la méthode précédente, et il sera probablement nécessaire de rectifier l'azimut de la lunette au moyen de deux observations préliminaires. Nous indiquerons plus loin comment on se sert de la mire pour faire cette rectification.

Avant de commencer les observations, on s'assure que l'axe horizontal est resté de niveau, et l'on agit au besoin sur la vis de réglage du pied pour rectifier la position de l'axe.

Cette précaution est, du reste, bonne à prendre au commencement de chaque série d'observations, mais ne doit être prise qu'à ce moment; dans une même série, on ne fera que constater, au moyen du niveau, les changements d'inclinaison de l'axe.

OBSERVATIONS DES PASSAGES.

44. Le problème à résoudre, pour l'observateur, est de déterminer et noter l'instant précis où une étoile ou un astre quelconque se trouve coïncider avec les fils horaires. Ce problème est susceptible d'un grand nombre de solutions, et tout d'abord se présentent deux méthodes distinctes : l'enregistrement électrique et l'observation par l'œil et l'oreille.

45. La première est certainement plus à la portée de chacun, et exige un apprentissage beaucoup moins long que la seconde; elle est d'une application plus commode et ne demande pas une attention bien soutenue de la part de l'observateur qui, en raison d'une fatigue moindre, peut donner une somme de travail plus considérable.

Mais ces avantages sont compensés par presque autant d'inconvénients. Il faut emporter, outre ses instruments, un bagage bien embarrassant, des piles avec tous leurs accessoires, un chronographe, une pendule ou un chronomètre spécialement disposé pour l'interruption automatique du courant, ou, à défaut, un pendule chronographique. Tous ces instruments sont d'une installation difficile; ils exigent une surveillance plus attentive. Les chronomètres à interruption sont sujets à de fréquents dérangements; ils ont une marche incertaine et variable certainement avec l'intensité du courant qui les traverse. Enfin le dépouillement des observations devient une opération rebutante par sa longueur; l'observateur a pu économiser du temps et de la fatigue à résumer ses impressions par le simple mouvement d'une touche, mais il perd tout le bénéfice de son œuvre quand vient le moment de traduire en nombres les signes du chronographe.

Nous croyons donc qu'en général il devra préférer, en cours de campagne, les méthodes anciennes, qui ont pour elles l'immense avantage de la simplicité. Nous ne parlerons que de ces dernières, les difficultés qui se lient à l'emploi de l'électricité étant du ressort de la physique plutôt que de l'astronomie d'observation. Il serait trop long, du reste, d'examiner toutes les solutions, dont quelques-unes fort ingénieuses, que le problème a reçues.

46. Arrivons à la méthode d'observation par l'œil et l'oreille. Deux manières distinctes d'opérer sont en présence et il convient de les signaler à l'observateur, car il devra franchement adopter l'une ou l'autre; il s'exposerait, en les mêlant, à enlever toute précision à ses observations.

1° L'observateur suit le mouvement de l'étoile en écoutant et retenant le battement de la pendule; à la seconde qui pré-

Fig. 15.

cède le passage, il estime la distance $a_1 f$ (fig. 15) de l'étoile au fil; à la seconde qui le suit, il estime la distance opposée $a_2 f$; le rapport de ces distances est proportionnel au rapport des fractions de seconde qui séparent du passage les deux battements qui le comprennent.

a_2　f　a_1

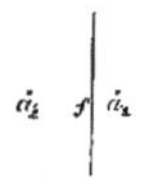

L'observateur note sur son cahier la seconde correspondant à la position a_1 et la fraction ainsi estimée $\frac{a_1 f}{a_1 a_2}$; il écrira, par exemple, 14ˢ,3 si a_1 et a_2 sont les positions de l'étoile aux battements 14 et 15 et si $a_1 f$ paraît être à peu près la moitié de $a_2 f$.

Cette méthode d'observation est d'une application très difficile quand à la pendule on substitue un chronomètre battant la demi-seconde; elle est impossible à appliquer si le chronomètre bat les $\frac{2}{5}$ de seconde. On ne saurait donc en conseiller l'emploi aux voyageurs qui ont avantage à ne se servir que des chronomètres.

2° L'observateur peut encore, et c'est là une deuxième méthode distincte, arriver par un long exercice à l'appréciation exacte d'une fraction de seconde; il compte mentalement les battements de la pendule, et, assimilant à un bruit le phénomène de l'occultation de l'étoile par le fil, il estime l'intervalle qui le sépare du battement le plus voisin. Il inscrit sur son cahier le dixième estimé à partir du battement précédant le passage ou son complément à 10 si le passage est plus proche du battement qui a lieu immédiatement après.

Voici, d'après un de nos plus savants observateurs [1], comment on pourra arriver à déterminer le temps, sans faire porter l'estime sur des intervalles plus grands que deux dixièmes de seconde, et à faire des observations exactes. Le son parcourant 340 mètres par seconde, si l'on se place à 34 mètres d'un mur et que l'on produise un bruit sec comme un battement de mains, l'écho de ce bruit succédera au son lui-même à 0ˢ,2 de distance. On acquiert, en répétant cet exercice, une notion très précise de la durée de deux dixièmes de seconde. Cela posé, l'observateur arrivera facilement à dédoubler l'intervalle des battements de la pendule en battant la seconde avec le crayon, à la manière des musiciens avec leur bâton de mesure, les secondes entières correspondant au *frappé* et le 0ˢ,5 au *levé;* d'autre part, il subdivise cet intervalle lui-même au moyen de la connaissance qu'il possède de la durée des deux dixièmes de seconde. Il obtiendra donc les points de repère suivants : 0 dixième quand le passage a lieu au battement juste, 2 dixièmes quand il a lieu plus tard de l'intervalle de temps connu, 3 dixièmes s'il précède de cet intervalle de temps le demi-battement intermédiaire, 5 dixièmes s'il a lieu au demi-battement, et de même pour 7 et 8 dixièmes. Quant aux dixièmes restants 1, 4, 6 et 9, ils viennent se placer naturellement entre deux des précédents, c'est-à-dire qu'on les rattache à 0ˢ,0 et 0ˢ,5, en remplaçant 0ˢ,2 par 0ˢ,1.

47. Ce procédé d'estime très méthodique, et dont une longue expérience a démontré l'efficacité, est applicable dans le cas où, au lieu d'une pendule battant la seconde, on a un chronomètre battant la demi-seconde; mais il ne l'est plus si le chronomètre d'observation bat les $\frac{2}{5}$ ou une autre fraction de seconde.

On fera donc bien, en vue de cette éventualité, de modifier

_____

[1] M. Yvon Villarceau, qui a bien voulu me donner ces détails.

un peu la méthode d'estime du temps, et d'adopter, quel que soit le chronomètre, le battement simple pour unité d'appréciation et de notation. L'observateur devra, si son chronomètre bat la $\frac{1}{2}$ seconde, s'exercer à compter les battements de 0 à 19 et à recommencer à 0 après ce dernier chiffre; si le chronomètre bat les $\frac{1}{5}$, il comptera 0...24, 0...24, et ainsi de suite indéfiniment; il formera ainsi des groupes de 10 secondes qui seront aisés, par la suite, à reconnaître entre eux. Il arrivera, avec un peu d'exercice, à fractionner le battement et à estimer exactement le dixième de seconde. On apprécie très nettement le demi-battement et assez bien le quart, c'est-à-dire $\frac{1}{8}$ de seconde dans un cas et $\frac{1}{10}$ dans l'autre.

L'observateur note sur son cahier le battement et la fraction correspondant au passage et à côté la dizaine de secondes qu'il a eu le temps de lire au chronomètre, puis il passe au fil suivant et n'inscrit la minute et l'heure qu'à côté du passage au dernier fil. Il peut même se dispenser, dans la plupart des cas, de noter la dizaine de secondes à chaque fil; il suffira de l'inscrire avec la minute et l'heure à côté du passage au dernier fil. Cette omission sera de toute nécessité si l'intervalle de temps que met l'étoile à passer d'un fil à l'autre est de 10 ou 12 secondes seulement et si l'observateur n'a personne pour l'aider dans sa besogne. Il sera nécessaire aussi, dans ce dernier cas, d'apprendre à faire les opérations mentales d'estime et à noter ses passages, sans perdre la notion du battement, car on n'a pas le temps matériel de se repérer au chronomètre pour chaque nouveau fil.

On trouvera plus loin, au chapitre des applications, un exemple de cette dernière méthode d'observation.

48. Quand l'astre a un diamètre, on observe le passage de l'un de ses bords, ou des deux derrière le milieu du fil; un peu d'attention est nécessaire de la part de l'observateur qui a souvent une tendance à confondre avec l'instant du passage l'instant où le bord de l'astre est tangent au bord du fil. Il est important aussi que l'image du bord soit d'une netteté parfaite; un défaut de mise au point, par le fait d'un tirage imparfait

des fils ou même de l'oculaire, occasionne un agrandissement du diamètre de l'astre et fausse l'appréciation du passage [1]. S'il faut choisir entre la netteté des fils et celle du bord, on optera pour la seconde alternative; il est relativement facile d'apprécier le milieu du fil, même si son image est peu nette.

L'observateur ne devra pas oublier de tenir compte de la parallaxe pour le calage en hauteur de la lunette, en vue du passage de la lune; la correction peut, en effet, devenir supérieure à l'étendue du champ de la lunette.

On se sert du verre de couleur fixé à l'œilleton du prisme pour l'observation du passage des deux bords du soleil. Une méthode de projection ingénieuse permet à plusieurs personnes de concourir à l'observation de ce passage. En tirant l'oculaire jusqu'à ce que son foyer principal vienne un peu au delà du plan focal, il fonctionnera comme un microscope solaire; un écran blanc placé à distance convenable recevra l'image agrandie des fils et du soleil, et l'on verra sur cet écran les bords traverser le réseau des fils dans le sens même du mouvement diurne.

49. Les étoiles circumpolaires sont observées avec l'aide du fil mobile. Quand l'étoile est très voisine du pôle, à 1 ou 2 degrés, par exemple, la lenteur du mouvement est telle que l'observateur a toute facilité pour bissecter l'étoile en faisant mouvoir le fil mobile. Il note, en même temps, la seconde ronde que marque le chronomètre ou la pendule au moment de la bissection de l'étoile; puis il fait la lecture de la position du fil et l'inscrit sur le cahier à côté de l'heure du chronomètre. Cette opération est répétée une dizaine de fois au moins, et l'on a soin, pour remédier au temps perdu de la vis, d'amener le fil alternativement de droite et de gauche sur l'étoile; cette précaution est applicable à tous les pointés que l'on est appelé à faire avec le fil mobile.

---

[1] L'erreur commise ne tient pas, comme on pourrait le croire, à la parallaxe des fils, dont on est toujours à l'abri par l'emploi de l'oculaire mobile; elle tient à la formation, sur la rétine de l'œil, d'une image trouble, le contour principal étant prolongé au dehors par une ceinture de caustiques.

Quand l'étoile est à 5 ou 6 degrés du pôle, son mouvement est assez rapide pour que le pointé proprement dit devienne plus difficile; on a avantage, dans ce cas, à placer le fil mobile très peu en avant du mouvement de l'étoile et à estimer l'heure de son passage derrière le fil. Cette méthode d'observation, d'une exécution aussi facile que la précédente, semble donner des résultats plus précis. On inscrit, dans ce cas, l'heure estimée à côté de la lecture du fil mobile.

DES ERREURS INSTRUMENTALES.

50. Les diverses opérations que nous avons faites pour rectifier l'horizontalité de la ligne des tourillons et la position de l'axe optique de la lunette et pour amener celle-ci dans le méridien, quelque bien conduites qu'elles aient été, n'ont pu réussir complètement. L'observation ne donne pas, par suite des défauts de rectification, l'heure exacte du passage d'un astre au méridien. Proposons-nous de calculer la correction qui, sous le nom de *réduction au méridien*, est convenable pour ramener le passage observé au passage réel, et, pour cela, examinons séparément l'influence que peut avoir sur l'heure du passage :

1° Un défaut de coïncidence de l'axe optique avec l'axe géométrique de la lunette;

2° Un défaut d'horizontalité de la ligne des tourillons;

3° L'écartement de cette ligne de la direction Est-Ouest.

Nous admettons que, si les erreurs coexistent, la réduction au méridien est la somme des corrections partielles ainsi obtenues. Cette hypothèse est légitime quand les erreurs de rectification sont assez faibles pour qu'on puisse les considérer comme étant de l'ordre des infiniment petits. Soient, en effet, x, y, z, les quantités variables qui représentent les erreurs de rectification et soit $f(x, y, z,)$ la réduction au méridien, fonction des trois variables indépendantes. On a, en général :

$$f\left(x, y, z\right) = f(0.0.0) + \left(\frac{df}{dx}\right)_0 x + \left(\frac{df}{dy}\right)_0 y + \left(\frac{df}{dz}\right)_0 z.$$

Les termes suivants sont négligeables quand x, y, z, sont de l'ordre infinitésimal. La quantité constante $f(o, o, o,)$ est nulle par définition; les coefficients $\left(\frac{df}{dx}\right)_0$, etc., sont indépendants des valeurs particulières attribuées aux variables x, y, z; il en résulte que la réduction au méridien se présente sous la forme :

$$Ax + By + Cz,$$

où, dans un lieu donné, A, B, C, sont des coefficients constants pour chaque étoile. Chacun de ces termes est, comme nous l'avons annoncé, la correction provenant de l'erreur de rectification correspondante considérée isolément. Il suffit, pour s'en rendre compte, de donner à deux quelconques des variables la valeur o.

Dans le calcul des corrections instrumentales, nous tiendrons compte des déviations produites sur la direction des astres par la réfraction et la parallaxe; nous examinerons ensuite l'influence que peut avoir l'existence du mouvement propre des astres.

51. *Erreur de collimation.* — Admettons que l'axe optique fasse avec l'axe géométrique de la lunette un angle c.

Fig. 16.

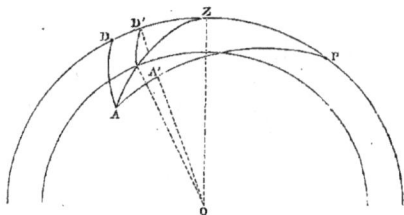

Soit O (fig. 16) la position de l'observateur placé au centre de la sphère céleste, Z le zénith et P le pôle céleste.

Les deux autres erreurs étant nulles, l'axe géométrique de la lunette décrira le plan méridien PZD, tandis que l'axe optique décrira dans le ciel un petit cercle dont le plan est parallèle au plan méridien.

Soit A la position vraie de l'astre [1] au moment où A', astre apparent, se trouve au milieu du champ de la lunette et, par suite, sur le petit cercle décrit par l'axe optique. Des points A et A' situés sur le vertical ZA, abaissons des arcs de grand cercle AD, A'D', perpendiculairement au méridien.

A'D' est la mesure de l'angle A'OD' ou c.

$\dfrac{APZ}{15}$ est le petit angle horaire de l'astre au moment du passage, c'est-à-dire la correction partielle due à la collimation, soit p_1 sa valeur. Par le triangle rectangle PAD, on a :

$$(1) \qquad \sin AD = \sin AP \sin(15\,p_1).$$

Les triangles ZAD et ZA'D' fournissent les relations suivantes :

$$\sin AD = \sin AZ \sin AZD,$$

$$\sin A'D' = \sin A'Z \sin AZD,$$

d'où, par division :

$$(2) \qquad \frac{\sin AD}{\sin A'D'} = \frac{\sin AZ}{\sin A'Z}.$$

Or $AZ = 90 - h$, $A'Z = 90^\circ - h'$, h et h' étant les hauteurs vraie et apparente de l'astre au-dessus de l'horizon de l'observateur au moment du passage. D'ailleurs $A'D' = c$ et $AP = \delta$, distance polaire de l'astre; on obtient, en égalant les expressions de $\sin AD$ tirées des équations (1) et (2):

$$(3) \qquad \sin(15\,p_1) = \frac{\sin c}{\sin \delta}\frac{\cos h}{\cos h'}.$$

---

[1] Pour qu'il ne puisse y avoir malentendu, rappelons que la position vraie d'un astre est le point où la ligne qui va du centre de la terre au centre de l'astre rencontre la sphère céleste.

Dans cette formule on peut, à cause de la petitesse des valeurs de c et p_1, remplacer les sinus par les arcs et écrire :

$$p_1 = \frac{1}{15}\frac{c}{\sin \delta}\frac{\cos h}{\cos h'}.$$

52. *Erreur d'inclinaison.* — L'observateur est au point O,
le zénith en Z et le pôle en P (fig. 17). HH' est la méridienne.

Fig. 17.

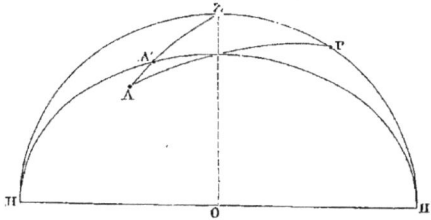

L'erreur d'inclinaison existant seule, l'axe optique et l'axe géométrique réunis coïncideront avec la méridienne HH' dans la
position horizontale, et décriront dans le ciel un grand cercle
HA'H' faisant avec le plan méridien le même angle i que la
ligne des tourillons fait avec l'horizon. Au moment où l'astre
apparent A' se trouve au milieu du champ de la lunette et,
par suite, sur le grand cercle HA'H', l'astre vrai est en A sur
le vertical A'Z et la correction p_2 qui ramène le passage au
méridien est $\frac{APZ}{15}$.

Le triangle A'HZ a un côté HZ égal à 90°, et, si l'on désigne
l'angle A'ZH par α, on établit aisément l'équation suivante en
appliquant la formule des cotangentes :

(1) $\cot A'Z = \sin \alpha \cot (A'HZ)$,

ou bien

$$\operatorname{tg} h' = \sin \alpha \cot i.$$

Par le triangle ZAP, on obtient :

$$(2) \qquad \frac{\sin \alpha}{\sin \delta} = \frac{\sin (15 p_2)}{\cos h}.$$

Éliminant α entre les équations (1) et (2), on a :

$$\sin (15 p_2) = \frac{\lg i \sin h'}{\sin \sigma} \frac{\cos h}{\cos h'},$$

qui devient, à cause de la petitesse des angles i et $15 p_2$,

$$p_2 = \frac{1}{15} \frac{i \sin h'}{\sin \delta} \frac{\cos h}{\cos h'}.$$

Pour donner à la correction p_2 le signe convenable, il faut compter positivement l'angle i quand le grand cercle HA′H′ penche vers l'Est, c'est-à-dire quand le côté Ouest de la ligne des tourillons est plus élevé que le côté Est; tandis que le signe — s'applique aux inclinaisons qui ont lieu dans l'autre sens. Il faut aussi compter négativement les distances polaires des astres à leur passage inférieur.

53. *Erreur de déviation azimutale.* — La ligne des tourillons de la lunette fait avec la direction Est-Ouest un angle a qui se

Fig. 18.

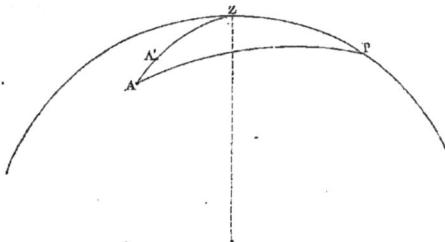

compte positivement de l'Est vers le pôle élevé; l'axe géométrique de la lunette décrit, par suite, un plan AZ (fig. 18) passant par la verticale de l'observateur et faisant avec le méridien un angle a. L'astre vrai A et l'astre apparent A' se trouvent tous deux sur le vertical que décrit la lunette. Menons le cercle horaire PA; ZPA est l'angle horaire de l'astre au moment de son passage dans la lunette, c'est-à-dire la correction p_3 due à l'erreur de déviation azimutale.

Dans le triangle ZPA on a :

$$\frac{\sin ZPA}{\sin ZA} = \frac{\sin PZA}{\sin PA},$$

remarquant que PZA est égal au supplément de l'angle a que fait le vertical ZA avec le méridien, que ZA et PA sont les distances zénithales et polaires de l'étoile, on peut écrire :.

$$\frac{\sin 15 p_3}{\cos h} = \frac{\sin a}{\sin \delta},$$

ce qui donne, en remplaçant les sinus des petits angles par les arcs :

$$p_3 = \frac{1}{15} \frac{a \cos h}{\sin \delta}.$$

Pour l'application des signes, on remarquera que h ou hauteur de l'astre se compte à partir de l'horizon opposé au pôle élevé, $\cos h$ change de signe quand h est plus grand que $90°$, δ prend le signe — quand l'astre passe au méridien inférieur.

Remarquons que cette expression peut s'écrire ainsi :

$$p_3 = \frac{1}{15} \frac{a \cos h'}{\sin \delta} \frac{\cos h}{\cos h'}.$$

54. La correction totale ou réduction au méridien, qui est la somme des corrections partielles ainsi obtenues, a pour valeur :

$$p = \frac{1}{15 \sin \delta} \frac{\cos h}{\cos h'} (c + i \sin h + a \cos h').$$

On pourra presque toujours négliger les déviations produites par la réfraction et la parallaxe et admettre, par suite, l'égalité des quantités h et h'. Remarquons, en outre, qu'on

5

exprime habituellement en secondes de temps les constantes
qui répondent aux valeurs c, i, a; dans ces conditions, le di-
viseur 15 devient inutile. On a donc, pour la formule de réduction :

$$p = \frac{1}{\sin \delta}\left(c + i \sin h + a \cos h\right).$$

55. *Correction d'aberration diurne.* — Les ascensions droites
des astres que donnent les éphémérides ou les catalogues d'é-
toiles ont besoin d'une correction due à la portion de l'aberration qui provient du mouvement de rotation de la terre. Si
l'on désigne la latitude du lieu par l et la distance polaire de
l'astre par δ, la correction a pour valeur :

$$\pm \frac{0^s,0206 \cos l}{\sin \delta}.$$

Le signe + convient pour les passages au méridien supérieur et le signe — pour les passages au méridien inférieur;
on peut même supprimer le double signe en remarquant que
δ est négatif dans ce dernier cas. La quantité $0^s,0206 \cos l$,
constante pour un même lieu, est désignée généralement par
la lettre $\varkappa$, de sorte que la correction d'aberration diurne a
pour expression $+ \frac{\varkappa}{\sin \delta}$.

Il revient au même évidemment de corriger l'ascension
droite de l'étoile ou de faire la correction en sens contraire à
l'heure du passage, en conservant l'ascension droite tabulaire;
la différence entre l'heure et l'ascension droite sera la même.
Aussi est-on convenu de joindre à la constante c de la collimation, qui a dans l'expression des corrections le même coef-
ficient $\frac{1}{\sin \delta}$, la valeur $-\varkappa$ constante d'aberration diurne; la
correction totale est donc $\frac{c - \varkappa}{\sin \delta}$, et il ne faut pas oublier que,
si c change de signe quand on retourne la lunette, il n'en est
pas de même de $\varkappa$.

56. *De l'influence du mouvement propre des astres.* — La réduction au méridien s'applique, telle que nous venons de la

calculer, au cas où l'astre observé est fixe; quand cet astre est animé, comme la lune, d'un mouvement en ascension droite sensible même pendant un petit intervalle de temps, il faut tenir compte de ce mouvement dans le calcul de la réduction.

Admettons que le mouvement de l'astre soit rétrograde et que le mouvement en ascension droite ait pour valeur α dans l'unité de temps qui est la seconde; la réduction au méridien, qui serait p si l'astre était fixe, deviendra P et se composera évidemment de la somme de p et de la variation en ascension droite de l'astre pendant l'intervalle de temps P, c'est-à-dire Pα; d'où

$$P = p + P\alpha,$$

ou

$$P = \frac{p}{1 - \alpha}.$$

Si l'on désigne par i la variation en ascension droite de l'astre pendant une heure, α a pour valeur $\frac{i}{3600}$ et P sera :

$$P = p\,\frac{3600}{3600 - i}.$$

DÉTERMINATION DES CONSTANTES INSTRUMENTALES.

57. Nous avons expliqué au paragraphe 21 comment l'inclinaison de l'axe horizontal de la lunette pouvait se déduire de la lecture du niveau faite avant et après son retournement sur les tourillons. Cette opération, la plus délicate que l'on ait à faire, demande, pour réussir, des précautions toutes particulières. Avant de procéder au nivellement, l'observateur devra soigneusement nettoyer les tourillons de la lunette et les plans de contact des pieds du niveau, la présence de la moindre impureté altère les indications de l'instrument; avant et pendant l'opération il devra préserver le niveau du rayonnement calorifique de la lampe. Il saisit le niveau en évitant de toucher le tube et de chauffer les branches verticales, il le pose sur les tourillons, il vérifie que la bulle ne s'est pas divisée et

attend une minute et demie environ qu'elle ait pris sa position d'équilibre; au bout de ce temps, il donne quelques coups légers de son crayon sur une des branches verticales pour vaincre l'inertie de la bulle, puis attend encore trente secondes environ et fait la lecture des extrémités de la bulle au moyen d'une loupe de grande dimension et en s'éclairant avec une lampe munie d'un abat-jour qu'il pourra tenir assez haut pour qu'elle n'échauffe pas l'instrument. La loupe permet à l'observateur de regarder les divisions du tube à une distance assez grande pour que l'haleine ne vienne pas échauffer le tube et fausser les indications du niveau. Faute de loupe, l'observateur fera la lecture à l'œil nu, mais en ayant soin de se cacher le bas de la figure avec le cahier d'observation.

Après avoir fait la lecture de la bulle dans deux positions successives du niveau, il faut revenir à la position initiale et faire une nouvelle lecture, qui devra coïncider à très peu près avec la première si l'on a convenablement opéré.

On inscrit les résultats obtenus sur le cahier d'observation en faisant précéder les lectures du signe + quand elles vont en croissant de l'Est à l'Ouest et du signe — quand elles croissent en sens contraire.

Exemple de nivellement :

$$\text{Lectures faites dans la position inverse du niveau}..\begin{cases} -11^p,9 \\ -55,1 \end{cases}$$

$$\text{Somme} \ldots\ldots\ldots\ldots\ldots\ldots\ldots -67,0$$

$$\text{Lectures faites dans la position directe du niveau}..\begin{cases} +15^p,4 \\ +58,6 \end{cases}$$

$$\text{Somme} \ldots\ldots\ldots\ldots\ldots\ldots +74,0$$

$$\text{Position inverse, vérification}.\ldots\ldots\ldots\begin{cases} -11^p,8 \\ -55,0 \end{cases}$$

$$\text{Somme} \ldots\ldots\ldots\ldots\ldots\ldots -66,8$$

Prenant la moyenne des sommes des lectures dans la position inverse ou $66^p,9$, retranchant de la somme des lectures dans la position directe, on trouve $+ 7^P,1$; sachant que K, valeur des parties du niveau, est égale à $1^s,78$, on a $\frac{K}{60} = 0^s,0297$, et l'inclinaison i se trouve en multipliant, par ce coefficient, la différence trouvée $+ 7^P,1$.

$$i = + 7^P,1 \times 0^s,0297 = + 0^s,21.$$

Pour les instruments portatifs, l'inclinaison de l'axe varie souvent d'une manière très notable dans le courant d'une soirée d'observations; il convient de répéter les nivellements à de fréquents intervalles, toutes les demi-heures à peu près.

58. On obtient directement la constante instrumentale c en déterminant avec le fil mobile la position v_o du fil sans collimation et la position v_m du fil moyen; la différence $v_o - v_m$ est proportionnelle à c, elle donne la valeur de c exprimée en tours de vis. Si nous désignons par K la valeur du tour de vis exprimée en temps nous aurons :

$$c = \pm (v_o - v_m) K.$$

Nous avons admis que, dans la position directe de la lunette, les lectures de fil mobile allaient en croissant dans le sens du mouvement des étoiles; pour que, dans cette position la correction de collimation soit positive, v_m devra être plus petit que v_o; on aura donc pour c les valeurs suivantes :

$$c = K(v_o - v_m) \text{ dans la position directe};$$
$$c = K(v_m - v_o) \text{ dans la position inverse}.$$

La valeur v_o de la position du fil sans collimation s'obtient, comme on l'a vu, en amenant le fil mobile sur l'image d'un point éloigné dans les deux positions de la lunette et prenant la moyenne des lectures ainsi obtenues. Cette détermination se fait habituellement au moyen de la mire méridienne; on répète dix fois le pointé de la mire dans la position directe et l'on prend la moyenne des lectures. On retourne la lunette en ayant soin de bien nettoyer les tourillons et les coussinets et de faire faire plusieurs tours entiers à l'instrument pour qu'il repose bien d'aplomb; puis on fait encore dix pointés de la mire. En revenant à la position directe, on vérifie que le pointé est le même qu'au début.

La **détermination** du fil v_0 doit se faire assez fréquemment, **les changements** de température entraînant, par suite des différences de dilatation du verre et du laiton, un jeu de l'objectif dans sa monture et par suite aussi, un déplacement du centre optique; il semble donc tout indiqué, contrairement à certaines opinions reçues, de faire cette détermination au moment même de l'observation des astres [1].

59. Quant aux mesures propres à faire connaître les positions des fils fixes, elles pourraient être prises en plein jour et à des intervalles de temps beaucoup plus éloignés, les changements n'étant pas à craindre au même degré. On dirige, dans ce but, la lunette vers un point du ciel dégagé de nuages, et l'on amène le fil mobile à tangenter les deux bords de chacun des fils fixes. Le contact sera jugé suffisant quand le plus petit filet de lumière sera sur le point de disparaître entre les deux fils. La moyenne des deux lectures ainsi obtenues correspond au point de coïncidence du fil mobile avec le fil fixe. On répète cette opération trois fois pour chaque fil et l'on prend la moyenne des résultats obtenus. On a ainsi les positions v_1, v_2, v_3, etc., des divers fils, et la position de la moyenne v_m s'obtient en divisant la somme de toutes ces valeurs par le nombre des fils. Il convient de faire cette mesure une fois par semaine à peu près.

60. On peut déterminer par un pointé nadiral fait dans les positions directe et inverse de la lunette, à la fois l'inclinaison de la ligne des tourillons et la position du fil sans collimation.

Supposons la lunette dirigée vers le nadir et le fil horizontal en coïncidence avec son image réfléchie, amenons aussi le fil mobile en coïncidence avec son image. Nous savons que,

[1] Voir note à la fin du volume.

dans ces conditions, la ligne qui joint le centre optique au point d'intersection des deux fils est verticale. Cette ligne se confondrait avec l'axe géométrique de la lunette si la ligne des tourillons était horizontale, la lecture correspondante du fil mobile serait donc v_o; mais, si l'extrémité Ouest de la ligne des tourillons est soulevée d'un angle $15\,i$, le point v_o sera reporté dans le plan focal, vers l'Est d'une quantité dont l'expression en tours de vis sera $\dfrac{i}{K}$. Cette quantité est, au signe près, la différence entre v_o et la lecture v du fil mobile. Admettons que la lunette soit dans la position directe, les lectures dans le plan focal croissent de l'Ouest à l'Est; v_o est donc plus grand que v. D'ailleurs i est positif parce que le tourillon Ouest est plus élevé que le tourillon Est; on a donc :

$$\frac{i}{K} = v_o - v$$

d'où

(1) $$i = K\left(v_o - v\right)$$

Retournons la lunette, la lecture du fil mobile coïncidant avec son image réfléchie devient v', l'inclinaison de la ligne des tourillons a pour valeur i s'ils sont égaux en diamètre, et $i + 2\varepsilon$ dans le cas contraire, ε étant l'inégalité des tourillons. Mais ici les lectures du fil mobile vont en croissant de l'Est à l'Ouest, on a donc :

(2) $$i + 2\varepsilon = C(v' - v_o).$$

Chacune des équations (1) ou (2) peut servir à déterminer l'une des quantités i ou v_o quand l'autre est connue, et, par l'ensemble des deux équations, on détermine à la fois i et v_o, si toutefois l'on a fait les pointés v et v'. On a, en effet, par la résolution des équations simultanées (1) et (2) :

$$v_o = \frac{v' + v}{2} + \frac{\varepsilon}{K}$$

$$i = K\,\frac{v' - v}{2} - \varepsilon.$$

Le plus souvent, comme nous l'avons vu, ε est négligeable.

. Cette méthode n'est applicable que si le nombre des fils fixes est pair, car la présence d'un fil au centre même du champ empêche l'appréciation exacte des coïncidences du fil mobile et de son image. Dans ce cas, on pourra toujours déterminer v_o en ayant soin de donner à la ligne des tourillons une faible inclinaison. Le fil du milieu et son image réfléchie comprendront entre eux un intervalle assez large au milieu duquel se fera la coïncidence du fil mobile et de son image.

61. Quand la lunette est dépourvue de fil mobile, la détermination directe de l'erreur de collimation devient impossible. On se sert dans ce cas de l'observation d'une étoile circompolaire en notant l'heure du passage aux fils qui précèdent le méridien dans la position directe de l'instrument, et celle des passages aux fils suivants dans la position inverse.

Nous verrons plus loin comment d'un passage incomplet il est facile de conclure l'heure du passage à la moyenne. Soit donc t, l'heure obtenue pour le passage dans la position directe, t', l'heure obtenue pour le passage dans la position inverse de l'instrument. Les heures t et t' seraient égales si la moyenne des fils correspondait à l'axe géométrique de la lunette; leur différence est évidemment double de la correction de collimation propre à l'étoile.

En désignant par c la constante de collimation pour la position directe, et par δ la distance polaire de l'étoile, on a donc :

$$t + \frac{c}{\sin \delta} = t' - \frac{c}{\sin \delta}$$

d'où

$$c = \frac{t - t'}{2} \sin \delta.$$

62. Il nous reste à déterminer la constante a ou l'azimut de la lunette; on conçoit qu'une pareille détermination ne puisse résulter que d'observations astronomiques; ce seront les observations faites à la lunette elle-même qui serviront pour cet objet. Soient, en effet, $\mathcal{R}$ et $\mathcal{R}'$, les ascensions droites de deux étoiles observées à peu de distance l'une de l'autre, t et t'

les heures des passages de ces étoiles à la moyenne des fils, et C la correction du chronomètre sidéral que nous supposons la même pour les deux étoiles.

L'heure sidérale du passage de l'étoile au méridien, c'est-à-dire son ascension droite, est pour la première :

$$t + C + \frac{c - \varkappa}{\sin \delta} + \frac{i \sin h}{\sin \delta} + \frac{a \cos h}{\sin \delta} = \text{Æ}$$

et pour la deuxième étoile :

$$t' + C + \frac{c - \varkappa}{\sin \delta'} + \frac{i \sin h'}{\sin \delta'} + \frac{a \cos h'}{\sin \delta'} = \text{Æ}'$$

Désignons par T et T' les valeurs de t et t' corrigées des effets de collimation et d'inclinaison, il vient, en retranchant les deux équations, membre à membre, et résolvant par rapport à a :

$$a = \frac{\text{Æ}' - \text{Æ} - (\text{T}' - \text{T})}{\dfrac{\cos h'}{\sin \delta'} - \dfrac{\cos h}{\sin \delta}}$$

Si le chronomètre, au lieu de marcher sur le temps sidéral, marchait sur le temps moyen, il faudrait convertir en temps sidéral l'intervalle de temps moyen T' — T ; il faudrait, de même, si le chronomètre avait une marche trop forte, en tenir compte pour calculer l'intervalle de temps réel qui correspond à la différence T' — T.

Plus le dénominateur de l'expression qui donne a sera grand, plus la détermination de a sera précise ; on choisira donc les étoiles de manière que les valeurs $\frac{\cos h}{\sin \delta}$ et $\frac{\cos h'}{\sin \delta'}$ soient de signes contraires, ou bien, si elles sont de même signe, de manière que l'une d'elles soit très grande relativement à l'autre. Les déterminations les plus précises résultent de la combinaison des passages de deux étoiles circompolaires : l'une, au méridien supérieur ; l'autre, au méridien inférieur. Dans ces conditions, les valeurs δ et δ' sont très petites et de signes contraires ; on a donc au dénominateur une somme de deux quantités très grandes et de même signe. Le plus souvent on com-

binc le passage d'une étoile circompolaire avec celui d'une
étoile voisine de l'équateur.

Dans les très basses latitudes, où les circompolaires deviennent difficiles à observer, on combinera deux étoiles à leurs
passages supérieurs : l'une voisine de l'horizon Nord, l'autre
voisine de l'horizon Sud; les valeurs de $\cos h$ et $\cos h'$ seront
peu éloignées l'une de 1, l'autre de — 1; les valeurs de $\sin \delta$
et de $\sin \delta'$ seront faibles toutes deux et de même signe; on
aura donc au dénominateur une somme de quantités relativement grandes et de même signe.

63. On est tenté de croire que la méthode précédente peut
s'appliquer à la détermination de toutes les constantes instrumentales, car reprenons l'équation :

$$C + \frac{c - u}{\sin \delta} + \frac{i \sin h}{\sin \delta} + \frac{a \cos h}{\sin \delta} = \mathcal{R} - t$$

il semble que la détermination des quatre inconnues C, c, i, a,
soit possible en donnant à h et δ quatre valeurs différentes
correspondant à autant d'observations d'étoiles et résolvant le
système des équations ainsi obtenues.

Il n'en est rien toutefois, comme il est facile de le démontrer. Considérons, en effet, l'ensemble des termes qui comprennent les inconnues i et a, et transformons la somme
$\frac{i \sin h}{\sin \delta} + \frac{a \cos h}{\sin \delta}$ en introduisant la latitude l.

On a : $h + \delta + l = 180°$ et par suite :

$$\sin h = \sin(l + \delta) \qquad \text{et} \quad \cos h = -\cos(l + \delta)$$

d'où résulte :

$$\frac{i \sin h}{\sin \delta} + \frac{a \cos h}{\sin \delta} = i \cos l + a \sin l + \cos \delta (i \sin l - a \cos l)$$

Posons :

$$m = i \cos l + a \sin l$$
$$n = i \sin l - a \cos l$$

Les deux inconnues m et n peuvent remplacer les inconnues i et a dans toutes les équations; leur détermination entraîne celle de i et a, car on a :

$$i = m \cos l + n \sin l$$
$$a = m \sin l - n \cos l$$

et réciproquement, l'indétermination de m ou n suppose celle de i et a.

Par suite de la substitution des nouvelles inconnues aux anciennes, l'équation de condition prend la forme suivante :

$$C + m + n \cot \delta + \frac{c - \varkappa}{\sin \delta} = \mathcal{R} - t$$

et l'on voit que les deux inconnues C et m ont partout pour coefficient l'unité. En résolvant les équations on ne pourra donc obtenir que la somme $C + m$, l'inconnue m sera donc indéterminée.

De ces considérations nous pouvons conclure à la nécessité de déterminer, par une mesure directe indépendante des seules observations astronomiques, l'une au moins des deux inconnues azimut ou inclinaison; la nature des choses exige, en outre, que ce soit cette dernière.

64. On peut considérer m et n comme formant un nouveau système de constantes instrumentales dont l'emploi, pour la réduction des observations au méridien, présente de grands avantages, à condition toutefois que l'inclinaison et l'azimut conservent la même valeur pendant toute une série d'observations. Tel n'est pas le cas pour les instruments portatifs; on se convaincra, à l'usage, de l'existence de variations assez considérables dans l'inclinaison et dans l'azimut de la lunette, et, par suite, de la nécessité d'avoir recours à la formule de réduction précédemment établie.

DE LA MIRE MÉRIDIENNE.

65. Il faut considérer comme l'accessoire presque obligé d'un instrument méridien, une mire ou collimateur à long foyer qui se compose d'un objectif dont la distance focale varie de 50 à 200 mètres et d'une croisée de fils que l'on dispose au foyer même de l'objectif. La croisée des fils et l'objectif de mire sont enchâssés dans des montures en fonte que l'on peut sceller sur deux piliers placés dans le méridien.

Les rayons lumineux qui partent de la croisée des fils forment, à la sortie de l'objectif de mire, un faisceau cylindrique; ce faisceau, en traversant l'objectif de la lunette, convergera en un point situé dans le plan focal de celle-ci. La croisée des fils se comporte donc pour la lunette comme le ferait un objet situé à l'infini; l'image de la croisée se formera au point où l'on verrait apparaître celle d'une étoile située dans la direction du faisceau émergeant de l'objectif de mire. La direction de ce faisceau définit l'azimut de la mire; on voit que c'est en même temps la direction de la ligne qui joint le centre optique de l'objectif à la croisée des fils. Cette direction restera invariable si les deux portions de la mire conservent la même position; eu égard à la grande distance focale et au scellement des deux parties dans un mur en maçonnerie, il paraît naturel d'admettre que les déplacements de cette ligne de visée doivent être bien faibles et certainement d'une très grande lenteur. La mire est donc d'un secours très précieux, non seulement pour la détermination de la collimation, mais surtout encore pour la mesure des variations qu'éprouve l'azimut de la lunette.

66. Si le constructeur n'a pas indiqué la distance focale de l'objectif de mire, on la mesurera de la manière suivante : l'objectif étant disposé d'une manière quelconque devant la lunette, on fait tenir par un aide, sur la ligne de mire de la lunette et dans une position renversée, un livre assez finement imprimé et on augmente la distance du livre jusqu'à ce que l'on puisse lire les caractères avec toute la netteté désirable. On recommence la même opération en partant des distances supérieures à la distance focale et en faisant marcher l'aide vers l'objectif. On suppose que le foyer de l'objectif de mire est à la moyenne des positions ainsi déterminées et l'on mesure la distance de l'objectif à ce point.

Les deux piliers de la mire seront construits dans le méridien et à une distance égale à celle-ci; on devra, autant que possible, leur donner une hauteur telle, que la ligne de visée de la mire soit horizontale et corresponde, par suite, à une direction horizontale de la lunette méridienne. L'usage d'une ligne de mire inclinée sur l'horizon nécessite, en effet, l'application de corrections qui s'annulent avec l'inclinaison.

Pour installer la mire, on tire le porte-oculaire de la lunette jusqu'à ce que les fils se trouvent dans le plan focal correspondant à la distance de la croisée de la mire, et l'on dispose cette croisée de manière que son image tombe exactement au milieu du champ, si le nombre des fils est pair, et, dans le cas contraire, un peu en dehors du fil du milieu; puis, remettant les fils au foyer principal, sans changer la direction de la lunette, on fixe l'objectif de mire sur son pilier, de manière à faire revenir à la même place que précédemment l'image de la croisée des fils de la mire.

67. Cette manière de procéder suppose la lunette exactement orientée. Il peut arriver qu'au moment d'installer l'instrument, on n'ait pas réussi à rendre l'azimut suffisamment faible et qu'une rectification devienne nécessaire. Voici comment on pourra s'y prendre pour mener de front l'installation définitive de l'instrument et celle de la mire. Nous supposons la lunette orientée approximativement au moyen d'un relèvement astronomique pris au théodolite. On place sur leurs piliers respectifs, en se conformant aux prescriptions qui terminent le paragraphe précédent, la mire et l'objectif de mire, mais sans les sceller. On note le pointé de la mire au fil mobile et on observe deux étoiles telles, que la combinaison de leurs passages permette de déterminer l'azimut de la lunette.

Ce seront, par exemple, une polaire que l'on se contentera de pointer deux ou trois fois et une équatoriale dont on prendra le passage aux fils fixes. On fait rapidement la réduction des passages au fil sans collimation et l'on calcule, comme nous l'avons montré, l'azimut de la lunette. On sait donc de quel angle il faut faire tourner la lunette dans un sens ou dans l'autre pour la ramener exactement au méridien. Cet angle exprimé en tours de vis est ajouté au pointé de la mire ou retranché de ce même pointé, suivant le cas, et l'on obtient ainsi une nouvelle position du fil mobile qui doit bissecter la mire quand la lunette est dans le méridien. On fait jouer les vis du pied jusqu'à ce que cette coïncidence se produise; puis on déplace, s'il est nécessaire, la mire et l'objectif de mire et l'on fait le scellement de leurs montures.

La rectification de l'azimut au moyen de la mire devra se faire pendant le cours des observations chaque fois que la déviation de la lunette atteindra une valeur supérieure à 1 seconde de temps. L'opération exécutée comme nous l'avons dit est très simple, et immanquable si l'on fait attention au sens dans lequel il faut déplacer le fil mobile pour l'amener dans la position où il couvrira la mire après déplacement de la lunette. Il suffit de remarquer que, par une rotation de l'instrument, les images se déplacent dans le même sens que l'objectif. Si, par exemple, on veut rapprocher l'objectif de l'Est, les images iront vers l'Est aussi. Il faut donc, avant le mouvement, placer le fil mobile à l'Est de l'image de la mire d'une quantité égale à l'azimut de la lunette exprimé en tours de vis, puis faire tourner la lunette jusqu'à ce que le fil mobile couvre la mire.

68. Les pointés faits à l'aide du fil mobile sur la croisée de la mire font connaître l'azimut de celle-ci si l'azimut de la lunette est connu, ou réciproquement l'azimut de la lunette si celui de la mire est déterminé au préalable. Pour établir la relation qui existe entre ces deux azimuts, convenons de les mesurer de la même manière; c'est dire que l'azimut de la mire est l'angle que fait, avec la méridienne, la ligne hori-

zontale qui joint le centre optique de l'objectif de mire à la croisée des fils ou la projection de cette ligne sur l'horizon si elle est oblique.

Cet angle est compté positivement en allant du point où la ligne vient rencontrer l'horizon opposé au pôle élevé vers l'Est, et négativement en sens contraire.

Supposons que la mire soit installée du côté de l'horizon opposé au pôle élevé et désignons par A son azimut; l'axe optique de la lunette étant horizontal, le fil v_o correspondra à un point éloigné dont l'azimut serait le même que l'azimut a de la lunette. Si la lunette se trouve dans la position directe, la lecture du fil mobile correspondant à un point dont l'azimut est o, sera : $v_o + \frac{a}{K}$, K désignant la valeur du tour de vis. Le pointé de la mire, dont l'azimut est A, correspond à une lecture v ayant pour valeur

$$v = v_o + \frac{a}{K} - \frac{A}{K}$$

d'où résulte la relation cherchée :

$$A = a + K(v_o - v);$$

pour la position inverse de la lunette on a :

$$A = a - K(v_o - v');$$

en identifiant ces deux valeurs de A, on trouve :

$$v_o = \frac{v + v'}{2}$$

formule qui correspond à la détermination de v_o.

Si la mire était du côté de l'horizon qui correspond au pôle élevé, on aurait, en conservant les mêmes notations :

$$A = a - K(v_o - v) \text{ pour la position directe,}$$

$$A = a + K(v_o - v') \text{ pour la position inverse.}$$

D'après cela, si l'on suppose l'existence simultanée de deux mires, l'une du côté opposé au pôle, l'autre du même côté, si l'on désigne par A_i et A_p leurs azimuts respectifs, on obtiendra dans la position directe pour la mire opposée au pôle :

$$A_i = a + K(v_o - v_i)$$

et pour l'autre mire :

$$A_p = a - K(v_o - v_p).$$

L'élimination de a entre ces deux équations conduit à la suivante :

$$(1) \qquad A_i - A_p = K(2v_o - v_i - v_p)$$

qui permet de déterminer directement l'azimut de l'une des mires en fonction de l'azimut de l'autre; cette relation est utile pour le cas où l'une des mires se trouve être un objet terrestre extrêmement éloigné et de direction invariable, mais situé du côté opposé au collimateur à long foyer; les variations d'azimut de ce dernier pourront être évaluées en admettant la constance de l'azimut de la mire terrestre.

69. On peut encore, de cette relation, déduire un moyen de déterminer v_o par un retournement, en admettant même que, pendant le retournement, l'azimut de la lunette ait changé.

Soient, en effet, v'_i et v'_p les pointés faits dans la position inverse de la lunette, on aura, en changeant le signe de K et quel que soit l'azimut de la lunette :

$$(2) \qquad A_i - A_p = -K[2v_o - v'_i - v'_p].$$

En retranchant les équations (1) et (2) membre à membre, et en résolvant l'équation résultante par rapport à v_o, on obtient la formule cherchée :

$$v_o = \frac{v_i + v'_i + v_p + v'_p}{4};$$

on pourrait donc, avec un instrument altazimutal centré, faire toutes les observations méridiennes sans retourner la lunette sur ses tourillons; il suffirait d'installer une mire de chaque côté de l'horizon et de pointer les deux mires avant et après avoir donné à l'instrument un mouvement azimutal de 180°. La collimation et l'azimut de la lunette se déduiraient de ces mesures.

70. On fait contribuer à la détermination de l'azimut de la mire toutes les observations de polaires obtenues dans une même soirée; on admet que cet azimut n'a pas dû varier d'une manière sensible dans un temps aussi court. Toute observation de polaire au fil mobile est, en général, précédée ou suivie d'un pointé de la mire; on peut, du reste, admettre que des pointés faits à différents moments de la soirée ont varié d'une manière régulière, et obtenir par interpolation les pointés correspondant aux différentes observations de polaires. Chacune de ces observations donne lieu à une détermination de la valeur de a et par suite de A; on fera la moyenne de toutes les valeurs ainsi obtenues et l'on admettra que le résultat représente l'azimut invariable de la mire. Les pointés de la mire servent alors à déterminer l'azimut variable a de la lunette.

71. Nous avons supposé, dans ce qui précède, que l'axe de la mire était horizontal. Cette condition peut n'être pas réalisée ou réalisable, et, dans ce cas, les formules ont besoin d'être légèrement modifiées.

Désignons par h la hauteur de l'axe de la mire au-dessus de l'horizon opposé au pôle élevé; une valeur négative de h indiquerait un abaissement au-dessous de l'horizon. L'azimut de la mire est celui du vertical qui contient son axe ou, en d'autres termes, l'azimut de la projection de cet axe sur l'horizon.

Supposons que la ligne des tourillons fasse, avec l'horizon, un angle i, l'axe géométrique de la lunette décrira

Fig. 19.

un grand cercle HB qui fait, avec le vertical HA qu'il décrivait dans le cas de l'horizontalité de la ligne des tourillons, un angle égal à i. Supposons que A et B soient les points du grand cercle et du vertical situés à la hauteur h au-dessus de l'horizon. A cause de l'extrême petitesse de i et de la valeur géné-

6

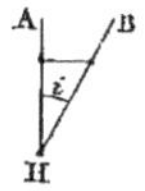

ralement faible de h, on peut considérer AB comme perpendiculaire à AH et l'on a :

$$AB = AH \tang i = \sin h \tang i;$$

$\frac{AB}{\cos h}$ est la différence des azimuts des points H et B; si l'inclinaison i est positive, le cercle HA penchera vers l'Est, l'azimut a' du point B sera donc supérieur à celui de H que nous désignons par a, et l'on a :

$$(1) \qquad\qquad a' = a + i \tang h;$$

Il est facile de voir que, si la mire se trouve du même côté que le pôle élevé, cette relation devient :

$$a' = a - i \tang h;$$

il résulte de là que la formule (1) répondra à tous les cas possibles, si l'on convient de donner à h le signe $+$ pour les points situés au-dessus de l'horizon opposé au pôle élevé et au-dessous de l'horizon correspondant au pôle; et le signe $-$ aux points qui sont au-dessous de l'horizon opposé au pôle élevé et au-dessus de l'horizon opposé à celui-ci.

Si nous reprenons la relation précédemment établie entre les azimuts de la mire et de la lunette, il suffit de remplacer a par sa valeur corrigée $a + i \tang h$ et l'on a pour la position directe :

$$A = a + i \tang h \pm K(v_o - v).$$

On peut, au lieu de corriger l'azimut obtenu, corriger le pointé v de la quantité $\mp \frac{i \tang h}{K}$. Le coefficient $\frac{\tang h}{K}$ est constant, on l'exprime en nombres.

72. L'élévation de la mire nécessite une correction d'un autre genre, qui tient à ce fait que les angles mesurés par le déplacement du fil mobile dans le plan focal sont situés dans un plan incliné sur l'horizon. Que l'on se figure deux points de la sphère céleste A et B très voisins l'un de l'autre, également élevés au-dessus de l'horizon, et les verticaux qui passent par ces points; α désignant la distance angulaire AB des deux

points, on verra que l'angle dièdre de ces deux verticaux ou la différence d'azimut des deux points A et B sera $\dfrac{\alpha}{\cos h}$, h désignant la hauteur des deux points. Dans le cas actuel, la quantité $K(v_{o}-v)$, qui représente une distance angulaire directe, correspond à une différence azimutale $\dfrac{K}{\cos h}(v_{o}-v)$. En posant $\dfrac{K}{\cos h}=K'$, on voit qu'il suffira d'adopter pour tous les pointés de la mire une valeur particulière du tour de vis K', que l'on calculera une fois pour toutes.

DISTANCES ÉQUATORIALES DES FILS.

73. Nous avons vu précédemment comment on détermine, avec le fil mobile, l'intervalle angulaire qui sépare deux quelconques des fils fixes du réticule ; cet intervalle, converti en temps, exprime le nombre de secondes qu'une étoile équatoriale met à passer d'un fil à l'autre. La conversion est toute faite si, comme nous l'avons supposé, K, valeur du tour de vis, est exprimée en secondes de temps.

La distance équatoriale d'un fil à la moyenne, ou, en d'autres termes, le temps qui sépare le passage d'une étoile équatoriale à ce fil de son passage au fil idéal moyen, s'obtient donc en multipliant par K la différence entre le pointé du fil et la moyenne des pointés de tous les fils.

EXEMPLE : Le 4 décembre 1874 on a obtenu les nombres suivants correspondant aux coïncidences du fil mobile et des fils fixes :

POSITION DIRECTE DE LA LUNETTE.

1er fil...............................	4ᵗ,5245
2e fil................................	6 ,1305
3e fil................................	7 ,6785
4e fil................................	9 ,2295
5e fil................................	10 ,8320
6e fil................................	12 ,4195
7e fil................................	14 ,0040
8e fil................................	15 ,6005
MOYENNE.........	10 ,0524

6.

Connaissant la valeur K du tour de vis, qui est $7^s 46$, on déduit de là, pour la distance équatoriale de chaque fil exprimée en tours de vis et en temps, les valeurs suivantes :

NUMÉRO DU FIL.	EN TOURS DE VIS.	EN TEMPS.
	t	s
I............................	$+ 5,5279$	$+ 41,24$
II............................	$+ 3,9219$	$+ 29,26$
III............................	$+ 2,3739$	$+ 17,71$
IV............................	$+ 0,8229$	$+ 6,14$
V............................	$- 0,7796$	$- 5,82$
VI............................	$- 2,3671$	$- 17,66$
VII............................	$- 3,9516$	$- 29,48$
VIII............................	$- 5,5481$	$- 41,39$

Le signe que nous avons donné aux distances est déterminé de manière que ces quantités servent de correction aux passages d'une étoile équatoriale aux fils correspondants, pour les ramener à la moyenne. Si la lunette était retournée, le dernier fil deviendrait le premier, et tous les autres viendraient dans l'ordre inverse ; la même chose arriverait dans la position directe pour les passages des étoiles au méridien inférieur.

On voit donc que si $t_1\, t_2 \ldots$ représentent les distances équatoriales des fils à la moyenne, on a $\Sigma t = 0$. le signe Σ s'étendant à tous les fils.

74. On peut déterminer les distances équatoriales des fils au moyen des passages observés d'une étoile de déclinaison quelconque ; évaluons, dans cette intention, le temps que met une étoile à parcourir un intervalle angulaire mesuré directement dans le plan focal de la lunette. Le problème se ramène à celui que nous avons traité au paragraphe 51 pour la détermination de l'erreur de collimation, en considérant que la moyenne des fils décrit sensiblement le méridien. Il suffit de remplacer la collimation c par la distance équatoriale t, et

l'angle horaire p_1 par le temps T que met l'étoile à passer du fil à la moyenne. La formule devient alors, s'il s'agit des étoiles fixes,

$$\sin(15\,t) = \sin(15\,T)\sin\delta.$$

On peut développer les sinus suivant les puissances de l'arc, et écrire

$$15\,t\sin 1'' - \frac{15^3\,t^3\sin^3 1''}{6} + \cdots = \sin\delta \left\{ 15\,T\sin 1'' - \right.$$
$$\left. - \frac{15^3\,T^3\sin^3 1''}{6} + \cdots \right\}$$

ou encore

$$(1) \quad t - \frac{15^2\sin^2 1''}{6}\,t^3 + \cdots = \sin\delta \left[T - \frac{15^2\sin^2 1''}{6}\,T^3 + \cdots \right]$$

Quand on se propose de déterminer la distance équatoriale d'un fil d'après le temps que met l'étoile à passer du fil au méridien, on réduit le premier membre de cette égalité à un seul terme, et l'on a

$$t = T\sin\delta - \frac{15^2\sin^2 1''}{6}\,T^3\sin\delta.$$

Dans la plupart des instruments méridiens la distance équatoriale du dernier fil fixe à la moyenne est inférieure à 50 secondes; nous pouvons, en partant de cette donnée, chercher quel doit être la valeur de δ pour que le terme de correction du second membre soit inférieur à $0^s,005$. Le calcul donne $8°\,32'$ pour la valeur limite de δ. Ainsi l'on peut calculer, à un centième de seconde près, la distance équatoriale des fils fixes, au moyen de la formule $t = T\sin\delta$, en faisant concourir à cette détermination les passages de tous les astres dont la distance polaire est supérieure à $9°$ environ; pour les autres étoiles le calcul du terme de correction est nécessaire.

On a recours à ce mode de détermination des distances équatoriales quand la lunette est dépourvue de fil mobile; il exige une très longue série d'observations et de calculs, et tout ce travail est perdu quand un fil vient à se casser. La

présence du fil mobile facilite, au contraire, singulièrement
cette tâche, puisque, avec une seule série de mesures de distances de fils, on détermine très exactement la valeur de la
distance équatoriale, étant donnée la valeur du tour de vis.

75. *Réduction au fil moyen d'un passage observé à un fil isolé.*
— Cette réduction s'obtient en ajoutant, avec son signe, à
l'heure observée du passage, le temps T que met l'étoile à
passer de ce fil au méridien. Reprenons l'équation (1) du paragraphe précédent, et résolvons-la par rapport à T, en négligeant les termes de l'ordre supérieur au troisième. Il vient

$$T = \frac{t}{\sin \delta} + \frac{1\,5^2 \sin^2 1''}{6} \left[T^3 - \frac{t^3}{\sin \delta} \right]$$

Quand il s'agit d'évaluer le terme de correction, on peut
considérer comme équivalentes les deux quantités T et $\frac{t}{\sin \delta}$;
on peut donc indifféremment remplacer la quantité entre pa-
renthèses, $T^3 - \frac{t^3}{\sin \delta}$, par $T^3 - T^3 \sin^2 \delta$, c'est-à-dire $T^3 \cos^2 \delta$,
ou encore par $\left(\frac{t}{\sin \delta} \right)^3 \cos^2 \delta$. La valeur de T prend donc la
forme suivante :

$$T = \frac{t}{\sin \delta} + \frac{1\,5^2 \sin^2 1'' \cos^2 \delta}{6} \left(\frac{t}{\sin \delta} \right)^3$$

Le terme de correction est négligeable pour toutes les étoiles
horaires, et, en général, pour toutes les étoiles qu'on observe
d'habitude aux fils fixes, car, pour une distance équatoriale
de 50°, le terme de correction est inférieur à 0°,005 jusqu'à
la distance polaire de 16°, et les astres aussi rapprochés du
pôle se meuvent trop lentement pour que leurs passages aux
fils puissent être notés, même avec une approximation bien
inférieure à celle-ci.

On pratique la réduction fil à fil quand on veut se rendre
compte de l'approximation obtenue dans l'estime des passages,
ou quand on n'a pu observer une étoile à tous les fils.

EXEMPLE : Le 25 décembre 1874 on a observé le passage de ο Lion aux fils suivants :

NUMÉRO DU FIL.	HEURE DU PASSAGE DE L'ÉTOILE au fil.	LOGARITHME DE LA DISTANCE DU FIL à la moyenne.
	h m s	
I.....................	9.24. 9,80	+ 1,61514
II.....................	9.24.21,85	+ 1,46618
III.....................	Manque.	+ 1,24807
IV.....................	9.24.45,35	+ 0,78824
V.....................	9.24.57,45	— 0,76481
VI.....................	9.25. 9,50	-- 1,24706
VII.....................	9.25.21,60	— 1,46929
VIII.....................	9.25.33,80	— 1,61673

La distance polaire δ a pour valeur 79° 32′, et le loga-rithme du sinus de cet angle est 9,99272 ; on a donc :

$$\log \cdot \frac{1}{\sin \delta} = 0,00728.$$

Ajoutant 728 unités du dernier ordre décimal aux loga-rithmes des distances, on trouve les résultats suivants, en re-gard desquels sont les nombres correspondants, c'est-à-dire les corrections des passages, tandis que dans une dernière colonne figurent les passages réduits à la moyenne.

NUMÉROS DES FILS.	LOGARITHME DE LA RÉDUCTION à la moyenne.	RÉDUCTION à la moyenne.	PASSAGE RÉDUIT à la moyenne.
		s	h m s
I...................	1,62242	+ 41,92	9.24.51,72
II...................	1,47346	+ 29,75	9.24.51,60
III...................	1,25535	+ 18,00	"
IV...................	0,79552	+ 6,25	9.24.51,60
V...................	0,77209	— 5,92	9.24.51,53
VI...................	1,25434	— 17,96	9.24.51,54
VII...................	1,47657	— 29,96	9.24.51,64
VIII...................	1,62401	— 42,07	9.24.51,73

En prenant la moyenne de tous ces résultats partiels on
trouve $9^h 24^m 51^s,62$ pour l'heure du passage de o Lion.

76. Cette méthode de réduction demande beaucoup de
temps si, comme c'est le cas ici, la lunette est pourvue d'un
assez grand nombre de fils dont quelques-uns seulement ont
été manqués ; on a avantage, dans ce cas, à la remplacer par
la méthode suivante :

Au lieu de calculer la réduction au méridien des passages
observés, on calcule celle qui se rapporte aux fils manquants,
on retranche la somme algébrique des réductions de la somme
des passages observés, et l'on divise le résultat par le nombre
de fils observés ; le quotient n'est autre chose que la moyenne
des résultats qu'aurait donnés la réduction pratiquée comme
précédemment.

Soient, en effet, $h\,h'$, etc... les heures observées des passages aux fils, et $T\,T'$, etc... les réductions au méridien calculées, pour chaque fil observé ou non, au moyen des distances
équatoriales $t\,t'$, etc...

Désignons par Σ une somme qui s'étend à tous les fils fixes
indistinctement, par σ_1 une somme qui s'étend aux fils observés, et par σ_2 une somme qui s'étend aux fils manquants.
D'après une remarque faite au paragraphe 73, on a : $\Sigma t = 0$,
t désignant la distance équatoriale ; on a donc aussi :

$$\Sigma T = \sigma_1(T) + \sigma_2(T) = 0.$$

Or n désignant le nombre des fils observés, le passage à la
moyenne, calculé comme précédemment, a pour valeur

$$\frac{h + T + h' + T' + \cdots}{n} = \frac{\sigma_1(h) + \sigma_1(T)}{n} = \frac{\sigma_1(h) - \sigma_2(T)}{n}.$$

Comme nous l'avons annoncé, le dernier membre de cette
équation n'est autre que le quotient par le nombre des fils observés de la différence entre la somme des passages observés
et celle des réductions des fils manquants.

Appliquons cette règle à l'exemple précédemment énoncé.

Réduction du fil unique manquant à la moyenne : $+ 18^s,00$;

On a donc

$$\sigma_2(T) = + 18^s,00.$$

D'autre part, on a, pour sept fils observés,

$$\frac{\sigma_1(h)}{7} = 9^h 24^m + \frac{379^s,35}{7}.$$

Il en résulte pour le passage à la moyenne calculé par la formule

$$9^h 24^m + \frac{379^s,35 - 18^s,00}{7} = 9^h 24^m 51^s,62.$$

77. Quand l'astre observé est notablement dévié par suite de la réfraction et de la parallaxe, et que, de plus, il est animé d'un mouvement propre, on se sert de la formule

$$T = \frac{i}{\sin \delta} \frac{\cos h}{\cos h'} \frac{3600}{3600 - i},$$

démontrée à l'occasion de la correction d'axe optique ; h est la hauteur vraie de l'astre, h' sa hauteur apparente, i est le mouvement horaire en ascension droite.

Cette formule est employée pour la réduction, fil à fil, des passages méridiens de la lune.

EXEMPLE. Le 25 décembre 1874 on a fait, aux huit fils dont les distances ont été précédemment énoncées, une observation du passage méridien du deuxième bord de la lune. On demande de réduire chaque fil isolément à la moyenne.

D'après les tables de la lune, on obtient :

Distance polaire $\delta = 66° 19' 20''$;

Parallaxe horizontale $= 0° 58'$;

Mouvement horaire en $R = 2^m 23^s,60 = i$.

La latitude du lieu est $5\,2°\,33'\,5\,0''$ S. $= l$.

On calcule d'abord la hauteur vraie, h, en faisant la différence $\delta - l$,

$$h = 1\,3°\,45'\,3\,0'' ;$$

la correction de la hauteur est $-(56'\,2\,0'')$, on a donc pour h', hauteur apparente, la valeur

$$h' = 1\,2°\,49'\,1\,0'',$$

d'où l'on tire

$$\log \frac{\cos h}{\cos h'} = 9,99853.$$

D'un autre côté, on a

$$\alpha = \frac{i}{3600} = 0,0399,$$

d'où

$$\frac{3600}{3600 - i} = \frac{1}{1 - \alpha} = \frac{1}{0,9601}$$

$$\log(1 - \alpha) = 9,98232 ;$$

on calcule donc le coefficient de réduction de la manière suivante :

$$\log \frac{1}{\sin \delta} = 0,03819$$

$$\log \frac{1}{1 - \alpha} = 0,01768$$

$$\log \frac{\cos h}{\cos h'} = 9,99853$$

$$\overline{\qquad 0,05440 \qquad}$$

En ajoutant, comme précédemment, ce logarithme constant à ceux des distances équatoriales des fils, on obtient les logarithmes des réductions à la moyenne, d'où résulte le tableau suivant, qui résume le calcul :

NUMÉRO DU FIL.	☾ 2ᵉ BORD. Passage observé.	RÉDUCTION à la moyenne.	PASSAGE réduit.
	h m s	s	h m s
I...................	8.28.47,80	+ 46,72	8.28.34,52
II..................	8.29. 1,40	+ 33,16	8.28.34,56
III.................	8.29.14,35	+ 20,07	8.28.34,42
IV.................	8.29.27,50	+ 6,96	8.28.34,46
V..................	8.29.40,95	— 6,60	8.28.34,35
VI.................	8.29.54,50	— 20,02	8.28.34,48
VII................	8.30. 7,60	— 33,40	8.28.34,20
VIII...............	8.30.21,30	— 46,90	8.28.34,40

78. Nous avons vu précédemment que l'observation des polaires se faisait au fil mobile, en pointant l'étoile et en notant l'heure correspondante et la lecture du fil. On peut, avec ces éléments, déterminer l'heure du passage au fil moyen. La différence des lectures du fil mobile et du fil moyen multipliée par la valeur du tour de vis donne, en effet, la distance équatoriale du fil observé ; la correction T du passage se déduit de cette distance au moyen de la formule précédemment établie.

Toutefois on se dispense, dans la pratique, de recourir à l'intermédiaire inutile du fil moyen, en réduisant directement le passage de l'étoile au fil sans collimation ; il ne restera donc à appliquer que la portion de correction d'axe optique qui provient de l'aberration diurne.

Désignons par K la valeur du tour de vis, par v_o la lecture du fil sans collimation, préalablement déterminée, par v la lecture correspondant au pointé de l'étoile, et par t le temps de l'observation, nous aurons pour l'heure t_o du passage au fil sans collimation :

$$t_o = t \mp \left\{ \frac{K}{\sin \delta} (v - v_o) + \frac{15^2 \sin^2 1'' \cos^2 \delta}{6} \left[\frac{K(v - v_o)}{\sin \delta} \right]^3 \right\}.$$

Le signe — se rapporte à la position directe, et le signe + à la position inverse de la lunette.

Pour les passages inférieurs, δ est considéré comme négatif. Remarquons que, si l'on n'a égard qu'à la valeur absolue de la réduction au fil v_e, celle du terme de correction

$$\frac{15^s \sin^2 1'' \cos^2 \delta}{6} \left[\frac{K\,(v-v_n)}{\sin \delta} \right]^3$$

est toujours à ajouter au terme principal.

On peut évaluer la valeur limite du terme principal, qui rend inférieur à $0^s,05$ le terme de correction; en négligeant $\cos^2 \delta$, qui est sensiblement égal à 1, on trouve 384 secondes pour cette valeur du terme principal, ou environ 6 minutes et demie. On a donc 13 minutes, distribuées de part et d'autre du passage méridien, pour observer les polaires sans avoir à appliquer de correction à la réduction proportionnelle.

79. *Détermination de la valeur du tour de vis.* — Le tour de vis peut se déduire de l'équation précédemment établie pour la réduction au fil sans collimation, en exprimant que les deux valeurs obtenues pour t_e à l'aide de deux pointés différents sont égales. On calcule, généralement, la valeur du tour de vis en partant de l'intervalle de temps employé par une étoile, éloignée de 9 ou 10 degrés du pôle, à parcourir la distance qui sépare deux positions déterminées du fil mobile. Voici comment on dispose d'habitude les calculs pour arriver à ce résultat :

Désignons par t_m l'heure du passage de l'étoile au méridien, suffisamment connue par la différence entre l'ascension droite de l'étoile et l'état absolu du chronomètre sur le temps sidéral, par v_m la lecture du fil mobile correspondant au méridien, par v la lecture du fil pour un pointé fait à l'heure t, et par K la valeur du tour de vis. Nous supposerons que la lunette est dans la position directe.

En partant des formules précédemment établies, nous pouvons écrire :

$$\frac{K}{\sin \delta}(v - v_m) = t - t_m - \frac{15^2 \sin^2 1'' \cos^2 \delta}{6}(t - t_m)^3 .$$

Chaque pointé donnera lieu à une équation analogue ; faisant la somme de toutes les équations, membre à membre, et divisant par le nombre n des équations, on obtiendra

$$\frac{K}{\sin \delta}\left(\frac{\Sigma v}{n} - v_m\right) = \frac{\Sigma t}{n} - t_m - \frac{\Sigma A}{n}$$

A désignant le terme de correction.

De l'équation moyenne ainsi obtenue retranchons chacune des autres, en ayant soin de faire la différence de telle sorte que les coefficients de $\frac{K}{\sin \sigma}$ soient tous de même signe, et nous aurons :

$$\frac{K}{\sin \delta}\left(\frac{\Sigma v}{n} - v_1\right) = \frac{\Sigma t}{n} - t_1 - \left(\frac{\Sigma A}{n} - A_1\right)$$

$$\frac{K}{\sin \delta}\left(\frac{\Sigma v}{n} - v_2\right) = \frac{\Sigma t}{n} - t_2 - \left(\frac{\Sigma A}{n} - A_2\right)$$

$$\cdots \cdots \cdots \cdots \cdots \cdots \cdots \cdots$$

$$\cdots \cdots \cdots \cdots \cdots \cdots \cdots \cdots$$

$$\frac{K}{\sin \delta}\left(v_n - \frac{\Sigma v}{n}\right) = t_n - \frac{\Sigma t}{n} - \left(A_n - \frac{\Sigma A}{n}\right).$$

Tout est connu dans ces équations, excepté la valeur de K ; les coefficients de $\frac{K}{\sin \delta}$ vont en diminuant jusqu'au milieu de la série, à peu près, où ils s'annulent, puis ils augmentent de nouveau jusqu'au dernier d'entre eux. On néglige celles des équations où le coefficient de $\frac{K}{\sin \delta}$ est inférieur au tiers du plus grand d'entre eux, et l'on fait la moyenne de toutes les autres d'où se déduit la valeur de K.

On peut faire à cette méthode une objection sérieuse. Si les pointés sont, comme il arrive d'ordinaire, à peu près équidistants, il y aura, après élagage des petits coefficients, autant d'équations dans la première série à coefficients descendants que dans la seconde à coefficients ascendants. Les termes $\frac{\Sigma v}{n}$, $\frac{\Sigma t}{n}$ et $\frac{\Sigma A}{n}$ étant pris un nombre de fois égal avec le signe $+$ et le signe $-$, disparaîtront de l'équation somme, qui deviendra dans ce cas

$$\frac{K}{\sin \delta} \left(v_n + v_{n-1} \ldots - v_2 - v_1 \right) = t_n + t_{n-1} \ldots - t_2 - t_1 -$$
$$- \left(A_n + A_{n-1} \ldots - A_2 - A_1 \right).$$

Il ressort de là, premièrement, qu'on s'est donné assez inutilement la peine de faire des moyennes, quand il suffisait, pour obtenir l'équation finale, de retrancher les deux séries l'une de l'autre; en second lieu, que les pointés correspondant aux valeurs intermédiaires négligées de v ne contribuent en rien à la détermination de la valeur du tour de vis.

Il semble donc qu'il soit préférable, si l'on veut étudier la valeur de K dans une région déterminée de la vis, de partager en deux séries à peu près égales les pointés distribués dans cette portion du champ, en les rangeant par ordre de grandeur, de combiner les pointés correspondants des deux séries de manière à avoir des coefficients à peu près constants pour les équations résultantes, et de déduire de chaque équation isolée une valeur de K. De cette manière, tous les pointés pourront être utilisés, et la comparaison des valeurs obtenues pour l'inconnue permettra de se rendre compte de l'approximation avec laquelle est calculée la valeur moyenne.

80. Nous avons admis, dans tout ce qui précède, que l'unité de temps était la seconde sidérale; la conversion en temps des intervalles angulaires se rapporte, en effet, au mouvement diurne des étoiles. Nous avons montré, du reste, comment on tient compte, au besoin, du mouvement des astres en ascension droite. L'observateur peut n'avoir à sa disposition qu'un chronomètre marchant sur le temps moyen, et, dans ce cas, il deviendrait nécessaire de convertir en temps moyen tous les intervalles angulaires primitivement mesurés au moyen du

temps sidéral. Remarquons toutefois que cette conversion sera
inutile si l'on détermine la valeur du tour de vis par des observations d'étoiles faites avec un chronomètre temps moyen. Tous
les intervalles angulaires mesurés dans le plan focal, étant
évalués au moyen du tour de vis, seront rapportés à la même
unité que celui-ci, c'est-à-dire à la seconde temps moyen. Il
en sera de même des corrections de collimation et d'azimut ; la
conversion ne serait à faire que pour la correction d'inclinaison dont les éléments se déterminent d'après un intervalle
angulaire absolu, mais la correction pour passer du temps sidéral au temps moyen sera généralement négligeable.

RÉDUCTION DES OBSERVATIONS DE PASSAGES.

81. Les observations des passages méridiens servent à la
détermination de l'heure et des ascensions droites des astres
observés.

L'heure se déduit des passages des étoiles dites fondamentales. La *Connaissance des temps* publie, depuis quelques années,
les positions, de dix en dix jours, des étoiles qui sont fondamentales pour l'observatoire de Paris. Celles de ces étoiles dont
le mouvement est assez rapide pour servir à la détermination
de l'heure sont observables de presque toutes les latitudes, à
cause de leur proximité de part et d'autre de l'équateur céleste. Ces étoiles, dites horaires, sont en nombre suffisant pour
répondre à tous les besoins. La *Connaissance des temps* publie
en même temps les positions, de jour en jour, de dix étoiles
polaires fondamentales, situées toutes dans l'hémisphère Nord,
et qui pourront servir à la détermination de l'azimut de la lunette quand l'observateur se trouvera au Nord de l'équateur.

Dans les très basses latitudes, et pour tous les points situés
dans l'hémisphère austral, il devient nécessaire d'avoir recours
aux catalogues spéciaux des observatoires de Melbourne et du
cap de Bonne-Espérance. L'observateur devra, dans ce cas,
calculer lui-même les positions apparentes des étoiles australes, en partant des positions moyennes données par les
catalogues ; il se servira pour cela des formules et des nombres

qu'il trouvera dans la *Connaissance des temps* ou dans le *Nautical almanach*.

Ces éphémérides publient les positions apparentes de quel-ques-unes des étoiles spéciales à l'hémisphère austral, mais ces positions sont calculées avec des données qui paraissent n'avoir pas été rectifiées d'après les observations récentes, et elles ne doivent être considérées que comme approchées.

82. Nous avons montré comment on parvient à corriger les passages des effets dus à l'inclinaison de l'axe de rotation et au défaut de rectification de l'axe optique de la lunette. On choisira parmi les passages ainsi corrigés ceux qui convien-dront plus particulièrement pour la détermination de l'azimut, et l'on obtiendra, après application de cette troisième correc-tion, l'heure du passage au méridien.

Si l'on a observé avec un chronomètre sidéral, on fait pour chaque étoile fondamentale horaire la différence entre l'ascen-sion droite et l'heure du passage, temps du chronomètre; cette différence donne la correction du chronomètre ou son retard sur le temps sidéral du lieu, au moment de l'observa-tion. Puis, partageant les étoiles horaires en deux groupes, on fait, dans chacun d'eux, la moyenne des heures des passages et la moyenne des corrections obtenues; on obtient ainsi la cor-rection moyenne du chronomètre à une époque moyenne déter-minée. En faisant la différence des deux groupes on obtient le mouvement horaire moyen, c'est-à-dire la marche du chrono-mètre dans l'intervalle, et il est facile de calculer, pour chaque astre observé, la correction moyenne résultant de l'ensemble des observations des fondamentales. Cette correction s'applique à l'heure de l'observation des étoiles non fondamentales ou des autres astres, et l'on obtient l'ascension droite de l'étoile ou de l'astre au moment de son passage au méridien.

La différence entre la correction observée pour une fonda-mentale en particulier et la correction moyenne donne la mesure de l'exactitude des observations.

Si le chronomètre était réglé sur le temps moyen, on pas-serait par l'intermédiaire de la conversion des temps. Connaissant l'ascension droite de l'étoile et le temps sidéral à midi moyen dans le lieu d'observation, on calcule sans peine (voy. § 42) l'heure temps moyen du passage de l'étoile au méridien; retranchant de cette heure celle de l'observation, on obtient la correction du chronomètre. Puis on procède comme précédemment : de l'ensemble des observations des fondamentales on conclut la correction moyenne applicable à toutes les observations; on a, par suite, l'heure temps moyen du passage d'un astre quelconque au méridien, et, par une conversion de temps, l'heure sidérale de son passage ou son ascension droite.

83. Nous allons rapporter ici, en matière d'exemple, les détails du calcul d'une série d'observations faites au cercle méridien pour la détermination de l'heure et de la longitude.

L'observatoire était situé dans l'hémisphère Sud, par 52° 34' de latitude et $11^h 17^m$ de longitude orientale. Les fils fixes horaires étaient au nombre de huit; la distance équatoriale d'un fil à l'autre était de 11 à 12' environ; la valeur moyenne K du tour de vis du fil mobile était $7^s,46$.

La valeur ε des divisions du niveau était de $1'',78$; le coefficient $\frac{\varepsilon}{60}$ était donc égal à $0^s,0297$.

La mire méridienne était au Sud, du côté du pôle élevé, par conséquent; l'axe de la mire faisait avec l'horizon Sud et au-dessus de cet horizon un angle h de 3° 45', qui, d'après les conventions précédemment établies, doit être compté négativement.

Le chronomètre battait la demi-seconde temps sidéral.

Le tableau n° 1 contient la copie du cahier d'observations; on a noté le battement et la fraction de battement estimés pour le passage aux divers fils; au dernier fil on a noté, en outre, la dizaine de secondes, la minute et l'heure correspondantes.

Le niveau a été fréquemment observé, les nivellements sont inscrits dans l'ordre des lectures avec les signes convenables. On a, fréquemment aussi, répété le pointé de la mire méridienne, pour déterminer les déplacements en azimut auxquels les petits instruments méridiens sont sujets.

7

Pour les observations des polaires on a noté l'heure du pointé de l'étoile au fil mobile, et, en regard, la lecture correspondante du fil ; les heures des passages aux fils fixes sont inscrites, s'il y a lieu, en regard du numéro du fil ; ce numéro se rapporte, du reste, à la position directe, passages supérieurs.

TABLEAU N° 1.

Le 21 novembre 1874 C. O.	θ Baleine.	$\mathbb{C}$ 1ᵉʳ Bord.
	$6^h,1$	$6^h,8$
ε Poissons.	$9,7$	$11,5$
	$15,3$	$17,1$
$8^h,7$	$16,7$	$0,0$
$11,9$	$2,6$	$6,3$
$17,0$	$4,9$	$9,8$
$18,6$	$8,8$	$14,6$
$4,1$	$12,8 \quad 40^s 7^m 1^h$	$19,7 \quad 30^s 32^m 1^h$
$6,4$		
$10,0$		β Bélier.
$14,2 \quad 20^s 51^m 0^h$		$16^h,8$
		$1,6$
Nivellement.	η Poissons.	$8,3$
$-11,9 +15,4 -11,8$		$10,8$
$-55,1 +58,6 -55,0$	$6^h,8$	$18,3$
	$10,8$	$1,9$
Pointés sur la mire Sud.	$16,5$	$6,8$
$10^t,197$	$18,8$	$12,6 \quad 40^s 42^m 1^h$
$10,194$	$4,9$	
$10,200$	$7,6$	(B. A. C.) 609.
$10,190$	$12,5$	
$10,190$	$16,9 \quad 40^s 19^m 1^h$	$0^h,6$
$10,199$		$5,0$
$10,189$		$10,7$
$10,191$		$12,6$
$10,193$	Nivellement.	$17,8$
$10,191$		$0,4$
	$-11,0 +14,4 -11,0$	$4,7$
Moyenne : $10^t,1934.$	$-54,0 +57,3 -54,0$	$9,3 \quad 40^s 47^m 1^h$

Nivellement (commencé).	ξ^2 Baleine.	π Bélier

Nivellement (commencé).

— 11,1
— 54,5

α Bélier.

2,6
7,8
14,5
17,9
5,0
9,3
14,9
0,8 $10' \, 55^m \, 1^h$

Nivellement (fin).

+ 15,0   — 11,0
+ 58,2   — 54,3

μ Fourneau.

$9^h,1$
16,4
5,1
10,8
0,0
5,7
13,0
2,0 $30' \, 2^m \, 2^h$

67 Baleine.

$3^h,4$
6,8
12,1
13,0
18,8
1,8
5,0
9,3 $40' \, 5^m \, 2^h$

ξ^2 Baleine.

$15^h,0$
18,1
3,4
4,6
10,7
12,6
16,9
0,7 $30' \, 16^m \, 2^h$

Z Octant, P. i.

$2^h 18^m 20^s$	$11^s,511$	
2 18 46	11,362	
2 19 12	11,221	
2 19 38	11,084	
2 20 12,5	IV	
2 20 35	10,770	
2 21 1	10,610	
2 21 26,5	10,477	
2 21 52	10,340	
2 22 19	10,189	
2 22 47	10,034	
2 23 10	9,910	
2 23 34,5	9,768	
2 24 3	9,595	
2 24 31	9,452	
2 24 58	9,323	
2 25 22,5	V	
2 26 34,5	8,770	

Pointés sur la mire.

$10^s,188$
10,192
10,183
10,189
10,188
10,197
10,198
10,189
10,191
10,192
Moyenne : $10^s,1907$.

π Bélier

$8^h,3$
12,5
19,0
0,8
7,4
10,5
15,0
0,0 $20' \, 37^m \, 2^h$

ρ^2 Bélier.

$3^h,7$
8,2
14,7
16,6
3,7
6,6
11,5
16,7 $40' \, 43^m \, 2^h$

ε Bélier.

$15^h,8$
0,9
7,4
10,3
17,4
0,9
6,0
12,0 $0' \, 47^m \, 2^h$

Nivellement à $2^h 50^m$.

— 10,6   + 15,7   — 10,7
— 54,1   + 59,3   — 54,3

Interruption par suite de nuages.

7.

A 3^h 20^m, Pointés sur la mire, C. O.	Mire à 3^h 45^m, C. O.	6441 Lacaille, P. i.	
10',195	10',199	4^h 6^m 46^s	V
10,190	10,201	4 7 34	8',872
10,195	10,198	4 8 8	8,668
10,191	10,198	4 8 37	8,490
10,192	10,191	4 9 4	8,321
10,189	10,197	4 9 35	8,101
10,190	10,190	4 10 4	7,949
10,189	10,199	4 10 39	IV
10,191	10,192	4 11 7	7,572
10,189	10,191	4 11 36	7,373
Moyenne: 10',1911.	Moyenne: 10',1956.	4 12 4	7,231

Retourné la lunette.	1592 Lacaille.	Nivellement.	
Mire, C. E.	3^{h}59^m 8',5 IV	− 10,0 + 16,4 − 9,5	
9',862	3 59 32 11',402	− 54,1 + 60,7 − 53,8	
9,866	3 59 58,5 11,661		
9,864	4 0 19 11,861		
9,864	4 0 43 12,129		
9,861	4 1 4,5 12,338		
9,862	4 1 30 12,598		
9,859	4 1 58 V		
9,850	4 2 23,5 13,162		
9,851	4 2 53 13,448		
9,871	4 3 18 13,697		
Moyenne: 9',8610.	4 3 40,5 13,927		
Retourné la lunette.	4 4 20 VI		
	4 4 57,5 14,737		

84. On a réuni dans le tableau n° 2 les distances au pôle Nord et les hauteurs des astres observés au-dessus de l'horizon Nord, ainsi que les coefficients des corrections, qui sont : pour la collimation, $\frac{1}{\sin\delta}$; pour l'inclinaison, $\frac{\sin h}{\sin\delta}$, et pour l'azimut $\frac{\cos h}{\sin\delta}$. Ces coefficients sont exprimés en nombres et sont précédés du signe qui leur appartient. Quelquefois, surtout si les erreurs instrumentales sont fortes, on emploie les logarithmes de ces coefficients.

TABLEAU N° 2.

NOM DE L'ASTRE.	DISTANCE au pôle Nord, ou δ.	$\frac{1}{\sin \delta}$	HAUTEUR au-dessus de l'horizon Nord, ou h.	$\frac{\sin h}{\sin \delta}$	$\frac{\cos h}{\sin \delta}$
ε Poissons....	82° 47' 0"	1,008	30° 13' 10"	0,507	+ 0,871
θ Baleine.....	98 49 40	1,012	46 15 50	0,731	+ 0,700
η Poissons....	75 17 50	1,034	32 44 0	0,400	+ 0,954
☾ 1ᵉʳ bord	79 42 0	1,016			
β Bélier......	69 48 10	1,066	17 14 40	0,316	+ 1.018
B.A.C. 609......	78 49 0	1,091	25 45 10	0,444	+ 0,920
α Bélier......	67 7 40	1,085	24 33 50	0,273	+ 1,050
μ Fourneau...	121 18 40	1,170	68 44 50	1,091	+ 0,424
67 Baleine.....	96 59 50	1,008	44 26 0	0,705	+ 0,719
ξ² Baleine.....	82 6 0	1,010	29 32 10	0,498	+ 0,878
Z Octant, P. i.	177 37 50	−24,19	125 4 0	−18,58	+ 15,488
π Bélier......	73 4 0	1,045	20 30 10	0,366	+ 0,979
ρ² Bélier......	72 11 0	1,050	19 87 10	0,353	+ 0,989
ε Bélier......	69 9 80	1,070	16 35 40	0,306	+ 1,025
1592 Lacaille.....	175 37 30	+13,11	123 3 40	+10,987	− 7,151
6441 Lacaille, P. i.	177 19 40	−21,45	180 6 30	−16,405	+ 13,841

85. Passons maintenant en revue la suite des calculs à faire dans l'ordre où ils se présentent habituellement.

Réduction des passages des étoiles horaires. — Prenons pour exemple le passage de ε Poissons. Le passage au dernier fil a lieu à 0ʰ51ᵐ27ˢ,10; le chiffre des dizaines qui correspond au passage précédent est évidemment 1, puisqu'il y a 12 secondes d'un fil à l'autre; on trouvera de même 0 pour le sixième fil et ainsi des autres, il est donc bien facile de rétablir le passage comme suit :

ε POISSONS.

	h m s
I.......................	0.50. 4,35
II.......................	0.50.15,95
III.......................	0.50.28,50
IV.......................	0.50.39,30
V.......................	0.50.52,05
VI.......................	0.51. 3,20
VII.......................	0.51.15,00
VIII.......................	0.51.27,10

D'où l'on déduit : passage à la moyenne $0^h 50^m 45^s,68$.

Réduction des passages des polaires. — Le passage des polaires est, comme l'on sait, ramené au fil v_o; la position de ce fil se déduit des pointés faits à $3^h 20^m$ de la manière suivante :

Moyenne des pointés dans la position directe.... $10^t,1934$
Pointés dans la position inverse.............. $9,8610$

Somme ou $2 v_o$.............. $20,0544$

v_o..................... $10,0272$

Prenons pour exemple la réduction de Z octant, P. i., au fil v_o; on peut, pour procéder rapidement, faire la moyenne des heures observées, celle des lectures du fil mobile, et calculer la réduction de l'observation moyenne ainsi obtenue. Il vaut mieux encore, si l'on veut se rendre compte de l'approximation que peuvent donner les pointés, faire isolément le calcul de la réduction de chaque fil comme il suit :

Distance polaire $\delta = 177° 37' 49''$. Tour de vis $K = 7^s,46$.

$$\log \frac{1}{\sin \delta} = 1.38355$$

$$\log K = 0.87274$$

$$\log \frac{K}{\sin \delta} = 2.25629$$

Lecture du fil mobile : $v = 11^t,511$

Fil $v_o = 10,027$

$v - v_o = 1,484$

$$\log (v - v_o) = 0.17143$$

$$\log \frac{K}{\sin \delta} = 2.25629$$

$$2.42772$$

$$\frac{K}{\sin \delta} (v - v_o) = 267^s,7 \text{ ou } 4^m 27^s,7$$

Le terme de correction est certainement négligeable, la valeur précédente étant inférieure à 384 secondes.

$$\text{Heure observée : } 2^h 18^m 10^s,0.$$

$$\frac{K}{\sin \delta}(v - v_{\scriptscriptstyle 0}) \quad 0 . \quad 4 . 27 ,7$$

$$\text{Passage à } v_{\scriptscriptstyle 0} \quad 2 . 22 . 47 ,7$$

On réduit de la même manière tous les pointés et, prenant la moyenne, on a pour le passage de l'étoile au fil $v_{\scriptscriptstyle 0}$:

$$2^h 22^m 47^s,88.$$

Correction due à l'inclinaison de l'axe de rotation. — Pour avoir l'inclinaison i, on fait la somme des lectures négatives, la somme des lectures positives, on les retranche l'une de l'autre en donnant au résultat le signe de la plus grande, et l'on multiplie la différence par $0^s,0297$. On peut construire une table spéciale, contenant les produits de ce coefficient constant par tous les nombres de 1 à 9, et y prendre à vue la valeur de i.

Exemple :

Nivellement à $0^h 55^m$.

Somme des lectures négatives (moyenne)....... — $66^s,9$
Somme des lectures positives .... + $74,0$

DIFFÉRENCE.................... + $7,1$

Inclinaison $i = + 0^s,21$

Par interpolation on obtiendra l'inclinaison qui convient à chaque observation. Le produit $i \frac{\sin h}{\sin \delta}$ s'obtiendra au moyen de la table de multiplication ou, plus simplement, avec le secours de la règle à calcul.

Correction due à l'erreur de collimation. — Sachant, par une observation antérieure, que la position du fil moyen correspond à une lecture v_m du fil mobile, égale à $10^t,0224$, ayant déterminé pour v_o la valeur $10^t,0272$, la lunette étant dans la position directe, on calcule ainsi la valeur de la constante de collimation :

$$v_o = 10^t,0272$$
$$v_m = 10,0224$$
$$c = v_o - v_m = + 0,0048 \text{ exprimée en tours de vis}$$
$$\varkappa \text{ aberration diurne} = 0,0017 \text{ exprimée en tours de vis}$$

$$c - \varkappa = + 0,0031$$

Multipliant par la valeur du tour de vis $7^s,46$, on trouve, pour la constante $c - \varkappa$, la valeur $+ 0^s,02$. Les produits de ce nombre et des coefficients $\frac{1}{\sin \delta}$ s'obtiennent comme précédemment.

Remarquons que le passage des polaires est rapporté au fil sans collimation et non au fil moyen; la correction de ces passages s'obtiendra donc en faisant intervenir l'aberration diurne seule qui a pour valeur $\varkappa = 0^s,051$. On aurait pu, du reste, se dispenser de toute correction en rapportant le passage de l'étoile, non au fil v_o, mais à un fil qui est distant de celui-ci de $0^t,0017$, quantité égale à l'aberration diurne exprimée en tours de vis.

Détermination de l'azimut. — La valeur de l'azimut résulte de la comparaison des passages de deux étoiles de déclinaisons très différentes ou choisies de manière à rendre très grande la différence des coefficients de réduction.

Rappelons ici la formule démontrée au paragraphe 61.

Soient, pour la première étoile, $Æ$ l'ascension droite, et t, l'heure du passage au fil v_o corrigée de l'inclinaison et de l'aberration diurne, et $\frac{\cos h}{\sin \delta}$ le coefficient propre à la correction d'azimut.

Soient $\mathcal{R}'$, t', $\dfrac{\cos h'}{\sin \delta}$ les mêmes quantités pour la deuxième
étoile, on a, pour l'azimut a

$$a = \frac{\mathcal{R}' - \mathcal{R} - (t' - t)}{\dfrac{\cos h'}{\sin \delta} - \dfrac{\cos h}{\sin \delta}}$$

Voici comment on disposera les calculs pour éviter toute
confusion dans les signes :

PREMIÈRE DÉTERMINATION.

Z Octant, P. i. $\mathcal{R}' = \quad 2^h 28^m 26^s,28 \qquad t' = 2^h 22^m 43^s,33$

ξ^2 Baleine $\mathcal{R} = \quad 2.21.31,11 \qquad t = 2.15.49,02$

$\mathcal{R}' - \mathcal{R} = \quad 0.\;6.55,17 \quad t' - t = 0.\;6.54,31$

$-(t' - t) = -0.\;6.54,31$

Numérateur = $\qquad +0,86$

$\dfrac{\cos h'}{\sin \delta} = +15.483$

$-\dfrac{\cos h}{\sin \delta} = -\;0.878$

Dénominateur $= +14.605 \qquad a = \dfrac{+0^s,86}{+14.605} = +0^s,059$

DEUXIÈME DÉTERMINATION.

6441 Lacaille, P.i. $\mathcal{R}' = \quad 4^h 10^m 7^s,11 \qquad t' = 4^h 4^m 23^s,54$

1592 Lacaille $\mathcal{R} = \quad 4.\;6.20,95 \qquad t = 4.0.38,04$

$\mathcal{R}' - \mathcal{R} = \quad 0.\;3.46,16 \quad t' - t = 0.3.45,50$

$-(t' - t) = -0.\;3.45,50$

Numérateur = $\qquad +0,66$

$\dfrac{\cos h'}{\sin \delta} = +13.841$

$-\dfrac{\cos h}{\sin \delta} = +\;7.151$

Dénominateur $= +20.992 \qquad a = \dfrac{+0^s,66}{20.992} = +0^s,031$

Les deux valeurs trouvées pour l'azimut de la lunette diffèrent, soit parce qu'il y a erreur sur l'observation ou sur la position des polaires, soit parce que la lunette a varié; les pointés sur la mire vont nous renseigner à cet égard. Nous admettrons que l'azimut de la mire est resté constant pendant toute la soirée et nous ferons concourir les deux observations précédentes à la détermination de cet azimut. Nous trouvons :

Pointé de la mire après Z octant. $10^t,1907$

Correction provenant de l'incli-

naison ($\S 69$)................. $- 0,0023$ $(i = + 0^s,273)$

$$v_p = \quad 10,1884$$
$$v_o = \quad 10,0273$$
$$v_p - v_o = + \ 0,1611$$

$$\log v_p - v_o = 9.20737$$
$$\log K' = 0.87369 \quad \left(K' = \frac{K}{\cos h} \begin{array}{l} \text{K valeur du tour de vis.} \\ h \text{ hauteur de l'axe de la mire.} \end{array}\right)$$
$$\log K'(v_p - v_o) = 0.08106 \quad K'(v_p - v_o) = + 1^s,205$$
$$a = + 0,059$$
$$A = \quad 1,264$$

Pour les deux autres polaires on a :

Pointé de la mire $10^t,1956$

Correction $- 0,0033$ $(i = + 0^s,300)$

$$v_p = \quad 10,1923$$
$$v_o = \quad 10,0273$$
$$v_p - v_o = \quad 0,1650 \text{ ou en temps} + 1^s,233$$
$$a = + 0,031$$
$$A = + 1,264$$

La concordance de ces deux valeurs de A prouve que la dernière hypothèse est la plus probable, on a donc :

Azimut constant de la mire + 1ˢ,26.

Des divers pointés de la mire et de cette valeur trouvée pour son azimut, on déduira les azimuts correspondants de la lunette. On aura donc tous les éléments nécessaires pour le calcul des trois corrections instrumentales et de leur somme.

Le tableau n° 3 donne l'ensemble des résultats ainsi obtenus.

TABLEAU N° 3.

NOMS DES ASTRES.	CORRECTIONS			SOMMES.
	de COLLIMATION.	D'INCLINAISON.	D'AZIMUT.	
	s	s	s	s
ε Poissons.........	+ 0,02	+ 0,11	+ 0,03	+ 0,16
θ Baleine..........	+ 0,02	+ 0,15	+ 0,02	+ 0,19
η Poissons.........	+ 0,02	+ 0,08	+ 0,03	+ 0,13
☾ 1ᵉʳ bord.........	+ 0,02	+ 0,09	+ 0,03	+ 0,14
β Bélier...........	+ 0,02	+ 0,07	+ 0,04	+ 0,13
B.A.C 609...........	+ 0,02	+ 0,10	+ 0,04	+ 0,16
α Bélier...........	+ 0,03	+ 0,07	+ 0,05	+ 0,14
μ Fourneau........	+ 0,03	+ 0,26	+ 0,02	+ 0,31
67 Baleine.........	+ 0,02	+ 0,17	+ 0,03	+ 0,22
ξ² Baleine..........	+ 0,02	+ 0,13	+ 0,04	+ 0,19
Z Octant, P. i......	+ 0,30	− 4,91	+ 0,82	− 3,79
π Bélier...........	+ 0,02	+ 0,10	+ 0,05	+ 0,17
ρ² Bélier..........	+ 0,02	+ 0,10	+ 0,05	+ 0,17
ε Bélier...........	+ 0,02	+ 0,09	+ 0,06	+ 0,17
1592 Lacaille.........	− 0,16	+ 4,37	− 0,16	+ 4,05
6441 Lacaille, P. i......	+ 0,27	− 6,53	+ 0,30	− 5,96

86. Nous pouvons considérer comme étoiles horaires fondamentales toutes celles qui ont été observées en dehors des trois polaires. Elles sont, en effet, assez voisines de l'équateur pour que l'on soit en droit de les faire contribuer à la déter-

mination de l'heure; et leurs coordonnées sont fournies directement par les éphémérides, *Connaissance des temps* ou *Nautical almanach*.

Faisant les différences entre les heures corrigées des passages au méridien et les ascensions droites des étoiles fondamentales, nous obtenons, pour l'état du chronomètre, les résultats suivants qui ont été partagés en deux séries :

	PREMIÈRE SÉRIE.		ÉTAT du chronomètre.
	h m		h m s
ε Poissons, à	0.56	....	— 0.5.41,55
θ Baleine, à	1.18	....	— 0.5.41,76
η Poissons, à	1.25	....	— 0.5.41,73
β Bélier, à	1.48	....	— 0.5.41,83
B.A.C 609, à	1.53	....	— 0.5.41,83
α Bélier, à	2. 0	....	— 0.5.41,92
Moyenne à.	1.33.3	....	— 0.5.41,770

	DEUXIÈME SÉRIE.		
	h m		h m s
67 Baleine, à	2.11	....	— 0.5.41,97
ξ Baleine, à	2.22	....	— 0.5.42,05
ρ^2 Bélier, à	2.40	....	— 0.5.42,22
ς Bélier, à	2.52	....	— 0.5.42,19
Moyenne à.	2.33.5	....	0.5.42,108

En retranchant la première série de la seconde, on obtient comme différence :

Pour $1^h 0^m 2$, mouvement du chronomètre — 0^s,338

On conclut de là : mouvement en 1 minute = — 0^s,00561.

Il est facile maintenant de calculer l'état moyen pour un passage quelconque; prenons, par exemple, α du Bélier dont le passage a lieu à $2^h 0^m$. On a :

		h m		m s
État moyen, à		1.13.3	....	— 5.41,77
Différence pour		0.26.7	....	— 0,15
État moyen à		2. 0	....	— 5.41,92

Le tableau n° 4 contient le résumé de toutes les observations et permet de comparer l'état moyen à l'état individuel.

TABLEAU N° 4.

NOM de L'ASTRE	PASSAGE OBSERVÉ.	CORRECTION INSTRUMENTALE.	PASSAGE CORRIGÉ.	ÆR CALCULÉE.	ÉTAT du chronomètre.	ÉTAT moyen.	ÆR CONCLUE.
	h m s		s	m s	− 5ᵐ	− 5ᵐ	
ε P¹..	0.50.45,68	+ 16	45,84	56.27,39	41ˢ,55	41ˢ,56	
θ B⁰..	1.12. 4,81	+ 19	5,00	17.46,76	41 ,76	41 ,69	
η P¹..	1.19. 5,92	+ 13	6,05	24.47,78	41 ,73	44 ,72	h. m. s.
ℂ...	1.31.56,61	+ 14	56,75	....	.....	41 ,80	1.37.38,55
β B¹..	1.42. 2,32	+ 13	2,45	47.44,28	41 ,83	41 ,85	
609..	1.47. 2,57	+ 16	2,73	52.44,56	41 ,83	41 ,88	
α B¹..	1.54.25,80	+ 14	25,94	60. 7,86	41 ,92	41 ,92	
μ F..	2. 1.42,63	+ 31	42,94	7.25,04	42 ,10	41 ,96	
67 B⁰..	2. 5. 3,14	+ 22	3,36	10.45,33	41 ,97	41 ,98	
ξ B¹..	2.15.48,87	+ 19	49,06	21.31,11	42 ,05	42 ,04	
Z Oct.	2.22.47,94	− 379	44,15	28.26,28			
π B¹..	2.36.37,09	+ 17	37,26	42.19,35	42 ,09	42 ,15	
ρ⁰ B¹..	2.43. 5,11	+ 17	5,28	48.47,50	42 ,22	42 ,19	
ε B¹..	2.46.21,91	+ 17	22,08	52. 4,27	42 ,19	42 ,21	
1592.	4. 0.33,83	+ 405	37,88	6.20,95			
6441.	4. 4.29,80	− 596	23,84	10. 7,11			

Dans la colonne *passage observé*, on a inscrit la moyenne des passages aux fils fixes pour les étoiles horaires et le passage des polaires réduit au fil v_o.

La colonne *correction instrumentale* est la reproduction de la dernière colonne du tableau n° 3.

Dans la colonne *passage corrigé*, on a inscrit les secondes du passage ramené au méridien au moyen de la correction instrumentale; les heures et les minutes se lisent dans la deuxième colonne.

La colonne Æ *calculée* contient les minutes et secondes de

l'ascension droite des étoiles déduite des éphémérides ou calculée d'après la position moyenne que fournissent les catalogues; l'heure se trouve dans la deuxième colonne.

Les chiffres portés dans la colonne *état du chronomètre* s'obtiennent en retranchant du passage observé l'ascension droite calculée; ils représentent, pour chaque étoile, la correction que l'on déduit, de son passage, pour le chronomètre.

Dans la colonne *état moyen*, on a porté les chiffres calculés comme il a été précédemment expliqué.

Enfin, dans la dernière colonne, Æ *conclue*, on inscrit la différence entre le passage corrigé des astres dont la position est à déterminer et l'état moyen du chronomètre, différence qui n'est autre que l'ascension droite de l'astre.

DÉTERMINATION DES LONGITUDES GÉOGRAPHIQUES
AU MOYEN DES PASSAGES AU MÉRIDIEN DE LA LUNE.

87. Le mouvement de la lune en ascension droite est assez rapide pour que la détermination de la valeur précise de cette coordonnée fasse connaître, avec une approximation suffisante, l'époque absolue à laquelle la détermination a été faite. La connaissance de l'heure absolue équivaut à celle de l'heure sous un méridien déterminé quelconque et entraîne, par suite, celle de la longitude géographique, qui n'est autre que la différence entre les heures simultanées du premier méridien et du lieu d'observation.

Cette méthode de détermination de la longitude donne des résultats suffisamment exacts; elle est d'une application facile, grâce aux positions de la lune que publient les principales éphémérides d'après les tables générales de Hansen. L'ascension droite et la déclinaison sont calculées d'heure en heure pour les époques rapportées aux méridiens de Paris et de Greenwich dans la *Connaissance des temps* et le *Nautical almanach*. Ces mêmes éphémérides ne donnaient autrefois que les positions de douze en douze heures calculées d'après les tables de Burckhardt, qui étaient notoirement insuffisantes, et par l'emploi desquelles on négligeait certains termes à courte période. Il résultait de là que la correction de l'éphéméride au moyen des observations faites au méridien d'origine n'avait qu'une valeur relative; elle ne pouvait convenir qu'aux environs immédiats de l'instant de l'observation. Aussi ne pouvait-on obtenir exactement que les différences de longitude des observatoires peu éloignés l'un de l'autre, et encore à la condition d'opérer le même jour sous les deux méridiens.

D'ailleurs, les calculs étaient rendus longs et difficiles par la nécessité d'avoir recours aux différences troisièmes et quatrièmes pour l'interpolation des tables données par les éphémérides.

Ce dernier inconvénient a presque totalement disparu, aujourd'hui que les coordonnées de la lune sont données d'heure en heure; l'interpolation proportionnelle est presque suffisante, et l'on obtient la limite extrême de l'approximation en ayant recours aux différences secondes.

Il est à remarquer, en outre, que, si les tables de Hansen sont en défaut, c'est surtout par la valeur erronée de coefficients propres aux termes à longue période; la correction des éphémérides varie donc d'une manière lente et régulière d'un jour à l'autre, de telle sorte qu'il suffit d'observations faites de distance en distance au méridien d'origine pour connaître cette correction. Ces observations sont de règle dans les principaux observatoires du globe; le géographe peut donc être certain de trouver, à son retour de campagne, des éléments suffisants pour la correction des tables de la lune, et il n'a désormais à s'inquiéter que de ses propres mesures.

88. Nous avons montré précédemment (§ 82) comment, du passage au méridien du bord éclairé de la lune, on pouvait déduire l'ascension droite de ce bord. Il est facile de passer de l'ascension droite du bord éclairé à celle du centre, et, par suite, au moyen des éphémérides, à l'heure du premier méridien, Greenwich ou Paris, suivant que l'on se sert du *Nautical almanach* ou de la *Connaissance des temps*. L'heure du lieu est, du reste, connue par la lecture du chronomètre; la diffé-

rence entre l'heure du méridien d'origine et l'heure du lieu sera la longitude cherchée.

Il y a diverses manières de conduire ce calcul; nous allons en examiner quelques-unes.

89. Désignons par t l'heure sidérale du passage du bord éclairé à la moyenne des fils; par p la réduction au méridien calculée, sans tenir compte du mouvement de l'astre en ascension droite; par d le demi-diamètre de la lune calculé au moyen des éphémérides, par α le mouvement en ascension droite dans l'unité de temps qui est la seconde et par δ la distance polaire.

Un astre fixe qui coïnciderait avec le bord de la lune au moment de son passage à la moyenne des fils passerait au méridien à l'heure sidérale $t + p$. Cette heure n'est autre que son ascension droite et par suite celle du bord de la lune à l'heure sidérale t.

Il est facile de voir que la différence entre l'ascension droite du bord éclairé et celle du centre de la lune a pour valeur $\frac{1}{15}\frac{d}{\sin\delta}$.

Suivant donc que le bord éclairé sera le bord occidental ou le bord oriental, on aura pour l'ascension droite du centre à l'heure sidérale t :

$$t + p \pm \frac{1}{15}\frac{d}{\sin\delta}.$$

On peut encore, en tenant compte comme nous l'avons fait au paragraphe 56 du mouvement de la lune en ascension droite, ramener au méridien le passage du bord éclairé; la réduction au méridien a pour valeur : $\frac{p}{1-\alpha}$. L'heure sidérale du passage au méridien du bord éclairé de la lune ou son ascension droite devient dans ce cas :

$$t + \frac{p}{1-\alpha}.$$

L'ascension droite du centre au moment où le bord éclairé passe au méridien est, par suite :

$$t + \frac{p}{1-\alpha} \pm \frac{1}{15}\frac{d}{\sin\delta}.$$

On peut enfin calculer l'heure sidérale du passage du centre de la lune au méridien et, par suite, son ascension droite, et il suffit pour cela de tenir compte du mouvement de l'astre en ascension droite pendant le temps qui s'écoule entre le passage du bord et celui du centre. Il est aisé de voir que, dans ce cas, l'ascension droite du centre ou, en d'autres termes, l'heure sidérale du passage au méridien sera

$$t + \left(p + \frac{1}{15} \frac{d}{\sin \delta} \right) \frac{1}{1-\alpha} ;$$

la quantité $\frac{1}{15} \frac{d}{\sin \delta} \frac{1}{1-\alpha}$ se trouve calculée de douze en douze heures dans le *Nautical almanach*, et, depuis quelques années, d'heure en heure dans la *Connaissance des temps*.

En résumé, l'application de l'une de ces trois méthodes nous fournit l'ascension droite du centre de la lune correspondant à une heure du lieu déterminée. Ce sera, dans le premier cas :

$$t + p \pm \frac{1}{15} \frac{d}{\sin \delta} \quad \text{à l'heure } t;$$

dans le deuxième cas :

$$t + \frac{p}{1-\alpha} \pm \frac{1}{15} \frac{d}{\sin \delta} \quad \text{à l'heure sidérale : } t + \frac{p}{1-\alpha} ;$$

et dans le troisième cas :

$$t + \left(p \pm \frac{1}{15} \frac{d}{\sin \delta} \right) \frac{1}{1-\alpha} \quad \text{à l'heure : } t + \left(p \pm \frac{1}{15} \frac{d}{\sin \delta} \right) \frac{1}{1-\alpha}.$$

90. En partant de l'une quelconque de ces valeurs de l'ascension droite, on obtient aisément la longitude. On cherche dans les éphémérides les deux valeurs consécutives qui comprennent entre elles l'ascension droite obtenue pour le centre de la lune. On joint à ces deux valeurs celle qui précède la plus petite et celle qui suit la plus grande d'entre elles, et l'on calcule ainsi les différences premières et secondes; ces dernières doivent être sensiblement égales, on prend, au besoin, la moyenne des valeurs obtenues.

Désignons par y_o la valeur tabulaire immédiatement inférieure à l'ascension droite y obtenue pour le centre de la lune, et par Δy_o et $\Delta^2 y_o$ les différences premières et secondes. On a comme l'on sait :

$$y = y_o + \frac{x - x_o}{h} \Delta y_o + \frac{x - x_o}{h} \left(\frac{x - x_o}{h} - 1 \right) \frac{\Delta^2 y_o}{1 \cdot 2}, + \text{etc.};$$

formule où x désigne l'heure inconnue du premier méridien correspondant à l'ascension droite du centre de la lune y, et x_o l'heure tabulaire correspondant à l'ascension droite y_o. On sait d'ailleurs que h, intervalle constant des valeurs tabulaires, représente une heure ou 3600 secondes de temps moyen.

Négligeant d'abord le terme complémentaire du second ordre, on a

$$x = \frac{h(y - y_o)}{\Delta y_o} + x_o = x_o + \frac{3600}{\Delta y_o} (y - y_o);$$

La valeur de x ainsi calculée est très approchée et suffit pour le calcul du terme complémentaire :

$$\frac{x - x_o}{h} \left(\frac{x - x_o}{h} - 1 \right) \frac{\Delta^2 y_o}{2}.$$

Désignons par A la valeur ainsi obtenue, il résultera pour x une valeur corrigée et définitive

$$x = x_o + \frac{3600}{\Delta y_o} (y - y_o - A).$$

La valeur x ainsi obtenue est l'heure temps moyen du premier méridien; il est aisé de déduire de là l'heure temps sidéral, et la longitude est la différence entre cette heure et celle du lieu d'observation.

91. Comme application de cette règle, calculons la longitude correspondant à l'observation de la lune dont les éléments ont été donnés § 82 et suivants.

La correction p ou $+ 0^s,14$ a été calculée comme pour un astre fixe, l'ascension droite conclue pour le premier bord de la lune, ou $1^h 37^m 38^s,55$, se rapporte à l'époque du passage

observé à la moyenne des fils, c'est-à-dire $1^h\overline{3}1^m56^s,61 +$
$5^m41^s,80 = 1^h37^m38^s,41$, temps sidéral du lieu.

Le demi-diamètre tabulaire a pour valeur $16'37''5 =$
$997''5$: on calcule ainsi la valeur $\frac{1}{15}\frac{d}{\sin\delta}$

$$\text{ctlg } 15 = 8,82391$$
$$\log. 997,5 = 2,99891$$
$$\log \frac{1}{\sin\delta} = 0,00706$$
$$\overline{\qquad\qquad 1,82988\quad}\text{ nombre } 67^s,59$$

Nous obtenons donc :

AR du 1er bord. . . . . $1^h37^m38^s,55$

$\frac{1}{15}\frac{d}{\sin\delta}$ . . . . $1\quad 7,59$

AR du centre de la lune, ou $y,=\quad 1\ 38\ 46,14$

Revenant aux tables du *Nautical almanach*, positions de la
lune d'heure en heure, on trouve :

1874.

		Δ	Δ²
20 novembre, à 21^h.	$1^h35^m44^s,66$	$2^m16^s,33$	$+0.32$
22.	$1\ 38\ 0,99$	$2\ 16,65$	$+0.33$
23.	$1\ 40\ 17,64$	$2\ 16,98$	
21 novembre, à 0.	$1\ 42\ 34,62$		

D'où résulte

$$y-y_0=45^s,15\ ;\ \Delta y_0=136^s,65\ ;\ \Delta^2 y_0=+0^s,325.$$

Nous continuons le calcul ainsi :

$$\log(y-y_0)=1,65466$$
$$\log\frac{1}{\Delta y_0}=7,86439$$
$$\log\frac{x-x_0}{h}=9,51905$$

8.

d'où

$$\frac{x-x_0}{h} = 0,330$$

$$\frac{x-x_0}{h} - 1 = -0,670$$

produit

$$\left(\frac{x-x_0}{h}\right)\left(\frac{x-x_0}{h} - 1\right)\frac{\Delta^2 y_0}{2} = -0,036 = A.$$

$$y - y_0 - A = 45^s,186 \; ; \log = 1,65500$$

$$\log\frac{1}{\Delta y_0} = 7,86439$$

$$\log 3600 = 3,55630$$

$$\overline{\log(x - x_0) = 3,07569}$$

On a, du reste, $x - x_0 = 19^m 50^s,4$, et, par suite :

Heure temps moyen de Greenwich........ $= 22^h 19^m 50^s,4$	
Pour convertir en temps sidéral......... $+ \quad 3 \; 40 ,1$	
Intervalle temps sidéral depuis 0^h........ $22 \; 23 \; 30 ,5$	
Temps sidéral à 0^h, le 20 novembre 1874.. $15 \; 57 \; 19 ,6$	
Heure sidérale de Greenwich............ $14 \; 20 \; 50 ,1$	
Heure sidérale du lieu................ $1 \; 37 \; 38 ,4$	
Longitude orientale................. $11 \; 16 \; 48 ,3$	

92. La *Connaissance des temps* publie, depuis 1876, des tables qui simplifient beaucoup le calcul de la longitude d'un lieu par l'observation des passages lunaires. Ces tables donnent, d'heure en heure, la longitude des lieux où la lune passe au méridien aux époques correspondantes du méridien de Paris, et, en regard, les ascensions droites correspondantes du centre de la lune. Il suffit donc de calculer l'ascension droite du centre de la lune pour l'instant de son passage au méridien du lieu d'observation ; la table donne, par une double proportionnalité, la longitude cherchée. Pour le détail du calcul, nous renverrons le lecteur à l'explication que donne la *Connaissance des temps*.

93. On peut encore faire servir au calcul de la longitude les nombres qui se trouvent dans la table du *Nautical almanach*, intitulée « Moon culminating stars, » et dans la colonne « Variation de l'ascension droite du bord éclairé pour une heure de longitude. » La méthode est, au fond, la même que celle qui précède, mais les calculs sont un peu plus longs, à cause de l'interpolation pour laquelle il faut recourir aux différences troisièmes, les chiffres de la table n'étant donnés que de douze en douze heures lunaires.

La même table donne l'ascension droite apparente du bord éclairé de la lune au moment de son passage au méridien de Greenwich et au méridien antipode de celui-ci. Désignons par a_0 l'ascension droite tabulaire immédiatement inférieure à l'ascension droite a observée pour le bord éclairé au moment de son passage au méridien du lieu; par u_0 le nombre correspondant à a_0, qui se trouve dans la colonne « Variation de l'Æ pour une heure de longitude; » par u_{-1} le nombre précédent u_0; par u_{-2} le nombre précédent u_{-1}, et considérons les différences Δ, Δ^2, etc., de ces mêmes quantités formées d'après les conventions ordinaires. Soit l la longitude du lieu, comptée à l'Ouest du méridien supérieur ou du méridien antipode de Greenwich.

La formule qui donne l, et que nous ne nous arrêterons pas à démontrer, est la suivante :

$$l = \cfrac{a - a_0}{u_0 + \dfrac{l}{48}(\Delta u_{-1} + \Delta u_0) + \dfrac{l^2 - \dfrac{1}{4}}{864}\Delta^2 u_{-1} + \dfrac{l^3 - \dfrac{577 l}{2}}{82944}(\Delta^3 u_{-1} + \Delta^3 u_{-2})}.$$

On remarque que la longitude entre au dénominateur de l'expression; cela suppose que l'on connaisse déjà sa valeur approchée, ce qui est toujours vrai dans la pratique. On calcule à l'avance les coefficients constants, $\dfrac{l}{48}$, $\dfrac{l^2 - \dfrac{1}{4}}{864}$ et $\dfrac{l^3 - \dfrac{577 l}{2}}{82944}$, qui serviront pour la réduction de toutes les observations faites en un même lieu. Si ces observations sont faites à des jours consécutifs, le tableau des différences comprend tous les chiffres dont on a besoin, et le calcul peut être très rapidement mené. La formule qui précède est due à M. Yvon Villarceau.

94. Il est facile de voir qu'une erreur commise sur l'ascension droite de la lune entraîne une erreur vingt-cinq ou trente fois plus considérable sur la valeur de la longitude. On ne saurait donc apporter trop de soins à la détermination du passage de la lune et à l'observation des astres qui font connaître l'état absolu du chronomètre. Quant au premier point, nous ne saurions trop insister sur la nécessité de bien apprécier le passage du bord derrière le fil, et non le contact de ces deux lignes, et aussi sur la convenance qu'il y a à rendre l'image de la lune d'une netteté parfaite, pour n'avoir pas à redouter un agrandissement de diamètre.

On fera bien, en vue de satisfaire au second point, de n'employer, pour la détermination de l'état absolu du chronomètre, que les étoiles dites de culmination lunaire, dont le *Nautical Almanach* et la *Connaissance des temps* depuis 1876 publient la liste pour tous les jours de l'année où la lune est observable. Ces étoiles sont choisies de manière à se trouver, à très peu près, sur le même parallèle que la lune, et à passer au méridien très peu de temps avant ou après son passage.

Ce mode d'opérer présente plusieurs avantages :

1° La correction instrumentale étant la même pour les étoiles et pour la lune, la différence des heures de passage ou celle des ascensions droites est indépendante de cette correction, et, par suite, des erreurs que l'on peut commettre sur sa valeur ;

2° L'époque de la correction moyenne, calculée pour le chronomètre avec les étoiles de culmination lunaire, est très peu distante du passage de la lune au méridien. La marche du chronomètre, qui peut n'être pas bien connue ou être irrégulière, n'intervient que très peu dans la détermination de l'ascension droite de la lune.

3° On convient de rapporter, dans les observatoires fondamentaux, les positions de la lune à ces mêmes étoiles que l'on observe avec la lune chaque fois que le temps le permet. Les erreurs qui peuvent exister sur les positions de ces étoiles se trouvent éliminées pour l'observateur qui les a prises comme étoiles de comparaison.

95. Il nous reste à montrer comment on tient compte des erreurs des tables de la lune pour la correction des résultats obtenus pour la longitude. Les différents observatoires du globe, ceux de Greenwich, Washington et Paris notamment, publient les corrections obtenues, pour les positions des éphémérides, au moyen des observations faites aux instruments méridiens et altazimutaux. Les irrégularités possibles du contour lunaire font que les chiffres obtenus avec l'altazimut ne peuvent convenir pour corriger des observations méridiennes; on devra donc les rejeter et s'en tenir aux corrections obtenues au moyen des passages méridiens de la lune. Faisant les moyennes des corrections tabulaires trouvées en différents observatoires, on dressera un tableau de ces corrections, qui pourra servir à corriger les éphémérides.

Il est plus simple encore de déterminer directement la correction de la longitude.

Désignant par ε la correction de l'éphéméride et par Δy_0 la différence tabulaire, on a pour la correction de la longitude :

$$\pm \varepsilon \times \frac{3600}{\Delta y_0};$$

le signe $+$ convient pour les longitudes orientales, le signe $-$ pour les longitudes occidentales.

Exemple. — On trouve pour la correction des ascensions droites tabulaires de la lune, à la date du 21 novembre 1874, la valeur $-0^s,57$. On a d'ailleurs $\frac{3600}{\Delta y_0} = 26,3$, en reprenant les chiffres de l'exemple précédemment cité.

La correction de la longitude sera donc :

$$-0^s,57 \times 26,3 = -15^s,0,$$

et l'on aura pour longitude corrigée :

$$11^h 16^m 33^s,3 \text{ à l'Est de Greenwich.}$$

OBSERVATIONS DES HAUTEURS.

96. Les observations de hauteurs méridiennes d'étoiles peuvent être faites en vue de la détermination de la latitude, si la distance polaire de l'étoile est connue, ou, en vue de la détermination générale des coordonnées des astres.

Nous n'avons à nous préoccuper ici que de la première de ces deux alternatives.

La latitude d'un lieu est, par définition, la hauteur du pôle au-dessus de l'horizon, ou, en d'autres termes, l'angle que fait avec l'horizon la ligne qui va de l'observateur en pôle céleste. On obtient la hauteur du pôle en retranchant la distance polaire, connue d'une étoile, de sa hauteur mesurée, au moment du passage au méridien. Cette hauteur elle-même se déduit de la lecture faite au cercle vertical de l'instrument.

97. On obtient très simplement, et avec beaucoup d'exactitude, la hauteur d'un astre, en déterminant la direction de la verticale, au moyen du pointé du nadir, fait comme il a été expliqué au paragraphe 27. Supposons le cercle vertical à l'ouest et désignons par N la lecture du limbe correspondant à la direction du nadir; $N+90°$ sera la lecture correspondant à l'horizon Sud et $N+90+h$, sera la lecture correspondant à une hauteur mesurée à partir de cet horizon. Si nous désignons par L cette dernière lecture que l'on fait aux verniers ou aux microscopes au moment du passage de l'étoile, nous aurons :

$$h = L - N - 90°.$$

Supposons le cercle vertical à l'est; la lecture du nadir étant N, celle de l'horizon Sud sera $N - 90°$ et celle qui correspond à une hauteur h mesurée comme précédemment sera $N - 90 - h$. L' désignant cette lecture on a :

$$h = N - L' - 90°.$$

Connaissant la hauteur apparente, h, de l'étoile, on calcule aisément la hauteur vraie H, en retranchant ou ajoutant la correction de la réfraction, suivant que h est plus petit ou plus grand que 90°. Si, d'autre part, δ désigne la distance au pôle Nord de l'étoile observée et l la latitude, on a la relation :

$$H + \delta + l = 180°$$

qui permet de calculer l.

Cette formule est générale si l'on convient de donner le signe — aux latitudes australes et aux distances polaires des astres, à leur passage au méridien inférieur.

98. On peut encore déterminer la hauteur ou la distance zénithale d'une étoile, d'après les lectures obtenues en visant l'étoile dans les deux positions directe et inverse de la lunette, pourvu qu'on ait eu soin d'amener la bulle du niveau fixé au cercle vertical ou au porte-microscopes entre les mêmes repères. Dans ce cas, pour revenir au même point du ciel, la lunette devra, après le retournement, parcourir le double de la distance zénithale de l'astre, angle qui se trouvera mesuré par la différence des lectures faites dans les deux positions.

Il n'est pas nécessaire de viser la même étoile dans les deux positions de la lunette; ayant visé deux étoiles quelconques, l'une dans la position directe de la lunette, l'autre dans la position inverse, on trouve aisément la distance zénithale de chacune d'elles par la différence des lectures du limbe et celle des distances polaires des deux étoiles. Considérons, en effet, la position de la lunette, cercle à l'Ouest. Soit L, la lecture obtenue pour le pointé d'une étoile, dont la distance zénithale est z ou $90 - h$, et la distance polaire δ; retournons la lunette et ramenons la bulle du petit niveau entre les mêmes repères. Si la lecture du limbe est la même que précédemment, la lunette sera dirigée vers un point du ciel symétrique du premier par rapport à la verticale de l'observateur; pour la ramener vers le premier point, il faut parcourir, dans le sens inverse des aiguilles d'une montre [1], un angle égal à deux fois la dis-

_____
[1] L'observateur est toujours censé regarder le limbe.

tance zénithale; la lecture du limbe augmentera de ce même angle et l'on aura, en désignant par L' la deuxième lecture :

$$L' - L = 2z = 180 - 2h.$$

Mais, si, au lieu de revenir à la même étoile, on revient, après le retournement, à une étoile dont la distance polaire est δ', on parcourra, outre l'angle $2z$, un angle $\delta' - \delta$; on a donc, L' désignant cette nouvelle lecture :

$$L' - L = 2z + \delta' - \delta = 180 - 2h + \delta' - \delta$$

relation où tout est connu excepté $2z$ ou $2h$.

Ces deux méthodes sont applicables, que l'instrument soit pourvu de microscopes, ou que les lectures se fassent avec l'aide d'un vernier. Ce dernier modèle d'instruments ne peut, nécessairement, fournir que des résultats imparfaits au point de vue de la mesure des hauteurs; aussi nous occuperons-nous, plus spécialement, des instruments pourvus de microscopes, les seuls où la précision des mesures de hauteurs soit en rapport avec celle des observations de passages, les seuls, en un mot, qui méritent le nom de cercles méridiens.

CERCLES À MICROSCOPES.

99. Avant de commencer les mesures de hauteurs, on procède au réglage des microscopes. On tire l'oculaire jusqu'à ce que l'image des fils soit aussi nette que possible, on s'assure que l'image des traits du limbe apparaît avec la même netteté et qu'elle est parallèle aux fils. Si l'une de ces deux conditions n'était pas remplie, il faudrait desserrer les vis des colliers qui retiennent les microscopes; on pourrait alors donner à ceux-ci un petit mouvement de rotation autour de leur axe ou faire varier leur distance au limbe.

On amène ensuite une division quelconque du limbe exactement en face du repère, index ou viseur, qui sert à la lecture des divisions entières, et l'on s'assure que, dans le champ des microscopes, l'image d'un trait se trouve bien en face du zéro du peigne; on rectifie, au besoin, la position du peigne en agissant sur la vis de réglage, qui se trouve sur le petit côté de la boîte du micromètre opposé à l'écrou mobile; puis on rétablit, comme nous l'avons indiqué au paragraphe 4, la coïncidence des divisions de la couronne et du peigne.

100. Quand on opère au moyen du bain de mercure, il est inutile de se préoccuper du niveau fixé au porte-microscopes, il ne peut indiquer que des variations que les lectures du nadir feront découvrir bien mieux.

On dispose le bain de mercure de telle manière que la ligne qui passe par le centre de la cuvette et celui de l'ouverture pratiquée dans le couvercle, soit située dans le plan vertical qui passe par la ligne des tourillons; dans ces conditions, l'image du fil horizontal pourra apparaître nettement malgré les ondulations du mercure. Pour pointer le nadir, l'observateur devra fermer les trappes et volets de la cabane, ou entourer la base de l'instrument d'une couverture très légère pour mettre le bain à l'abri du vent. Puis, se plaçant au nord du pilier, il agit sur la vis de rappel du cercle jusqu'à ce que l'image du fil horizontal venant du Nord, par exemple, ait disparu derrière le fil; il fait la lecture du limbe et recommence la même opération en faisant marcher l'image du fil en sens inverse, du Sud au Nord, par conséquent. L'observateur se place alors dans le Sud du pilier et fait, dans cette position, la même série de pointés du nadir.

Le résultat de la première série s'applique aux étoiles qui culminent entre le zénith et l'horizon Sud; le résultat de la deuxième, à celles qui culminent de l'autre côté; pour une étoile voisine du zénith, on emploiera la lecture du nadir faite dans la position où s'est trouvé l'observateur pour viser l'étoile.

On peut ainsi tenir compte, au besoin, de l'influence que le poids de l'observateur exerce sur la direction du pilier; cette influence sera insensible, en général, si le plancher de la cabane est bien construit; mais elle peut devenir considérable si l'on doit opérer rapidement sans installation préalable. Dans les campagnes de géodésie expéditive, on détermine souvent

directement les latitudes d'un grand nombre de points. Les
dispositions les plus sommaires sont de règle pour l'observateur qui n'a pas le temps de construire une cabane et doit
même s'estimer heureux s'il trouve un pilier convenable pour
disposer son instrument. La différence entre les lectures du
nadir faites au Nord et au Sud de l'instrument, peut devenir
très considérable dans ce cas, et les résultats fournis par les
étoiles culminant de côtés opposés ne deviennent concordants
que si l'on en tient compte.

101. En vue d'éviter les incertitudes de la réfraction et
les erreurs dues à la flexion de la lunette, on n'observe que
les étoiles dont la distance zénithale ne dépasse pas 30 degrés environ. Le pointé se fait en amenant l'étoile sous le fil
horizontal un peu avant le passage à la moyenne; on agit
sur la vis de rappel, jusqu'à ce que le fil paraisse bissecter
exactement l'étoile, on vérifie qu'elle suit bien le fil jusqu'au
milieu du champ, et l'on rectifie, à ce moment, le pointé s'il ne
paraît pas tout à fait satisfaisant. Les étoiles de la première
à la cinquième grandeur sont faciles à observer, leur image
paraît déborder un peu de chaque côté du fil; les étoiles plus
petites disparaissent entièrement derrière le fil et devront être
rejetées à cause de l'incertitude du pointé.

102. Nous avons expliqué déjà comment se faisaient les
lectures aux microscopes. On amène le double fil sur la première division du limbe située entre le zéro du peigne et l'é-
crou mobile; l'image du trait du limbe devra apparaître exactement au milieu de l'intervalle des deux fils; le pointé est
satisfaisant, si les deux espaces lumineux compris entre chaque
bord du trait et le fil voisin sont égaux (fig. 20).

Fig. 20.

On a avantage à répéter la même opération pour les deux
traits qui comprennent, entre eux, le zéro du peigne; on ob-

tient ainsi la valeur angulaire des divisions de la couronne et une vérification du premier pointé, quand la valeur est connue par la moyenne des mesures faites dans une soirée.

103. On partage en plusieurs séries les observations faites dans une soirée, chaque série devra comprendre une lecture du nadir faite au commencement, plusieurs pointés d'étoiles, et une lecture du nadir à la fin. Il convient, en général, d'observer le même nombre de séries dans les deux positions de la lunette, cercle à l'Ouest et cercle à l'Est, en conservant le même calage au nadir. Les lectures restent les mêmes aussi, au zénith, c'est-à-dire à un point voisin de la position moyenne des étoiles observées dans chaque série. La graduation du cercle est donc, par rapport à l'étoile moyenne, disposée en sens inverse; l'erreur générale de division se compte, par suite, positivement dans un cas et négativement dans l'autre; la moyenne des deux résultats est indépendante de l'erreur.

On peut encore, si l'on a besoin d'une extrême précision, chercher à remédier aux inégalités de division de période plus courte, en faisant varier le point de départ des lectures au moyen de déplacements systématiques du cercle divisé sur son axe. Le déplacement est presque inutile quand la lunette est munie de plus de deux microscopes.

Rappelons encore que la lecture de deux microscopes opposés est toujours nécessaire pour remédier au défaut du centrage du cercle divisé.

104. Nous avons vu que, si l'étoile visée était située à l'équateur céleste, elle parcourait exactement le fil horizontal de la lunette. Il n'en est pas de même pour une étoile dont la distance polaire est différente de 90 degrés; en la pointant avant ou après son passage au méridien, la lecture des microscopes sera différente de celle qui correspond au méridien. La différence de ces deux valeurs porte le nom de réduction au méridien, et s'exprime très simplement en fonction de la distance polaire de l'étoile.

Soit O (fig. 21), la position de l'observateur et P le pôle céleste; une étoile qui passe au méridien en A a pour distance polaire PA = δ; menons AB, grand cercle perpendiculaire au méridien; AB sera la trace sur la sphère céleste du

Fig. 21.

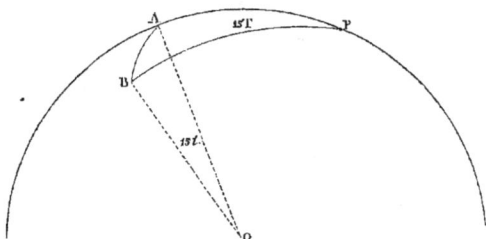

plan qui passe par l'axe de la lunette et le fil horizontal. Une étoile qui se trouve en B, au moment ou la première est en A, a pour distance polaire PB = δ'; la lecture du cercle est, à ce moment, la même pour ces deux étoiles, elle variera de la différence des distances polaires, quand l'étoile B viendra à son tour au méridien; $\delta' - \delta$ est donc, au signe près, la correction cherchée.

Désignons par t la distance équatoriale AB. L'arc AOB a pour expression angulaire $15\,t$, on a donc dans le triangle APB :

$$\cos\delta' = \cos\delta \cos(15\,t);$$

remplaçant $\cos(15\,t)$ par

$$1 - 2\sin^2\left(\frac{15\,t}{2}\right)$$

ou par

$$1 - 112,5\,.\,t^2 \sin^2 1'',$$

on a :

$$\cos\delta - \cos\delta' = 112,5\,.\,t^2 \sin^2 1'' \cos\delta.$$

On peut, dans le premier membre, remplacer $\cos \delta - \cos \delta'$ par un produit de sinus :

$$\cos \delta - \cos \delta' = 2 \sin \tfrac{1}{2}(\delta + \delta') \sin \tfrac{1}{2}(\delta' - \delta) = (\delta' - \delta) \sin 1'' \sin \delta.$$

D'autre part, en désignant par T l'angle horaire de l'étoile B, on a, par une formule connue, $T = \dfrac{t}{\sin \delta}$; faisant toutes ces substitutions, on trouve finalement :

$$\delta' - \delta = 56, 25 \sin 1'' \, T^2 \sin 2 \, \delta.$$

Pour une valeur donnée de T, cette correction est maximum quand on a $2 \, \delta = 90°$, c'est-à-dire quand les étoiles sont situées sur la parallèle de 45° de part et d'autre de l'équateur céleste. Si l'on veut que, pour ces étoiles, la valeur absolue de la correction soit toujours inférieure à un demi-dixième de seconde, il faut faire T inférieur à 14°; on a donc, dans le cas le plus défavorable, une demi-minute environ pour pointer une étoile et vérifier le pointé, ce qui est largement suffisant.

Pour déterminer le signe de la correction, remarquons que, si le cercle est à l'ouest, la graduation augmente quand on va du pôle Nord, par le chemin le plus court, vers les étoiles à leur culmination supérieure. Considérons une étoile dont la distance polaire soit inférieure à 90°; pour que l'étoile reste toujours sur le fil horizontal, il faut que la lunette s'éloigne du pôle tant que l'étoile se rapprochera du méridien, et la lecture du limbe diminuera; la correction est donc négative. D'ailleurs $\delta' - \delta$ est une quantité positive, la correction α a donc pour expression :

$$\alpha = -56, 25 \sin 1'' \, T^2 \sin 2 \, \delta \qquad \text{(C. O.)}$$

Si le cercle était à l'est, la correction changerait de signe et l'on aurait pour expression :

$$\alpha = +56, 25 \sin 1'' \, T^2 \sin 2 \, \delta \qquad \text{(C. E.)}$$

105. Il importe de bien distinguer la correction que nous venons de calculer de celle qui proviendrait des erreurs de rectification de l'instrument; cette distinction n'est pas toujours faite. Considérons, comme nous l'avons fait à propos des passages, la correction de la hauteur comme une fonction des corrections instrumentales, c, i, a, collimation, inclinaison, azimuth; cette fonction se développe en une suite de termes du premier, du second, du troisième ordre, etc., en c, i, a. Or, dans le cas actuel, les termes du premier ordre font défaut, les coefficients de ces termes étant identiquement nuls; on le prouve aisément en procédant comme il suit : Supposons le développement effectué et donnons à deux quelconques des variables la valeur o, tous les termes où entrent ces variables disparaîtront, et il ne restera, pour servir à la correction de la hauteur, que ceux qui contiennent exclusivement la variable maintenue. Si ce développement, restreint à une seule variable, ne contient aucun terme où entre la première puissance de la variable, il est clair que le développement complet n'en comportera pas non plus, et, si l'on fait cette preuve pour chaque variable en particulier, on aura prouvé aussi que le développement ne comporte généralement que des termes d'un ordre supérieur au premier. Or il est facile d'obtenir directement le terme principal du développement propre à chaque variable considérée séparément.

La correction due au défaut de collimation est de même nature que celle qui s'applique à une observation extraméridienne et dont l'expression a été calculée au paragraphe précédent; remplaçant T par la variable correspondante c, on voit que le terme principal est de l'ordre du carré de cette variable.

Il en est de même de la correction due à l'inclinaison de l'axe des tourillons; la lunette décrit un plan très faiblement incliné sur le plan du méridien, les angles mesurés dans ce plan doivent être projetés sur celui du méridien; or le cosinus de l'angle des deux plans ne diffère de l'unité que d'une quantité qui est de l'ordre du carré de l'inclinaison.

Reste la correction due à l'azimut de la lunette, dont nous

allons calculer l'expression. Soit ZS (fig. 22) le vertical décrit par la lunette, et S la position de l'étoile. La distance zénithale mesurée est ZS ou z' tandis que la distance vraie devrait

Fig. 22.

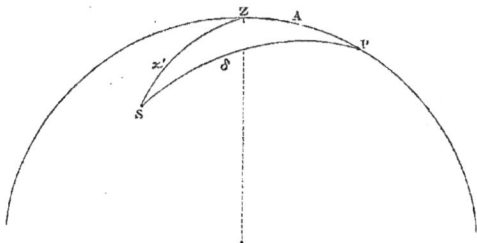

être $\delta - \lambda$; δ étant la distance polaire de l'étoile et λ la distance ZP du zénith au pôle.

On a par le triangle ZPS.

$$\cos z' = \cos \delta \cos \lambda + \sin \delta \sin \lambda \cos (15\,p),$$

p désignant la réduction au méridien pour le passage de l'astre; remplaçons $\cos 15\,p$ par $1 - 2 \sin^2 \frac{15\,p}{2}$, appelons z la distance zénithale méridienne $\delta - \lambda$, nous obtiendrons :

$$\cos z - \cos z' = 2 \sin^2 \left(\frac{15\,p}{2} \right) \sin \delta \sin \lambda.$$

Nous pouvons remplacer $\sin \frac{15\,p}{2}$ par $\frac{15\,p}{2} \sin 1''$; du reste on sait que $p = \frac{a \sin z}{\sin \delta}$. D'un autre côté, le premier membre de l'équation se transforme aisément en produit de deux sinus et l'on peut remarquer que $z' - z$, correction cherchée, est un très petit angle, qui se confond avec son sinus. Faisant toutes ces substitutions on obtient :

$$z' - z = \frac{112,5\,a^2 \sin 1'' \sin z \sin \lambda}{\sin \delta}.$$

9

La correction due à l'azimut de l'instrument est encore de l'ordre du carré de cet azimut. En résumé, la correction de la hauteur due à chacune des erreurs instrumentales est de l'ordre du carré de cette erreur; nous avons vu précédemment que la correction d'une observation extraméridienne est, de même, du second ordre, par rapport à l'angle horaire de l'astre observé; si donc on règle l'instrument de manière à n'avoir que de faibles erreurs, et si l'on fait tous les pointés dans le voisinage du méridien, la correction, ne dépendant que des carrés et produits, deux à deux, des erreurs instrumentales et de l'angle horaire de l'astre au moment du pointé, sera négligeable dans la plupart des cas.

Il y a, du reste, une autre raison qui doit engager à éviter, autant que possible, les observations extraméridiennes, c'est l'impossibilité d'obtenir un fil horizontal absolument réglé; la faible inclinaison du fil sur l'horizon n'a point d'importance, si l'étoile est bissectée auprès du méridien, mais elle pourrait donner lieu à une correction si l'étoile était bissectée aux extrémités du fil. Il est rare aussi que ce fil soit absolument droit; on ne saurait donc déterminer l'inclinaison par la comparaison des pointés obtenus aux deux extrémités opposées.

106. Donnons ici, comme pour les observations de passages, un exemple de détermination de latitude par des hauteurs d'étoiles.

Les observations ont été faites au fort Montalban, près de Nice; l'instrument qui a servi pour les faire est un cercle méridien du modèle n° 2 (fig. 2) appartenant au Dépôt de la marine.

On a eu soin de dresser, au préalable, une liste d'étoiles se suivant au méridien à trois ou quatre minutes d'intervalle et convenables pour la latitude, c'est-à-dire culminant dans une zone de 60 degrés, dont le zénith occupe le centre. Ces étoiles ont été choisies premièrement dans les éphémérides : *Connaissance des temps, Nautical Almanach, Étoiles fondamentales de l'Observatoire de Paris*, et, en second lieu, dans le catalogue d'étoiles de l'Association britannique.

Les étoiles ont été observées par séries de dix environ, sé-parées par une double observation de nadir, faite comme il a été dit précédemment. Nous ne rapportons ici que les étoiles fondamentales, les coordonnées des autres n'ayant pu être dé-terminées avec une précision suffisante. Les observations ont été faites en plein air sur un pilier de 50 centimètres de hau-teur posé sur le sol.

Voici d'abord une copie du cahier d'observations :

Le 25 mars 1872. C. O

Index.	Microscope n° 1.	Microscope n° 2.

Nadir. (Observateur au Sud du pilier.)

$257°$ $0'$	0^t $4^d,1$	2^t $26^d,5$
	$34,6$	$58,1$
	0^t $3,8$	2 $25,4$
	$34,2$	$57,3$

Nadir. (Observateur au Nord du pilier.)

$257°$ $0'$	0^t $3^d,0$	2^t $26^d,0$
	$33,1$	$57,0$
	0^t $2,7$	2 $25,7$
	$33,1$	$56,9$

ε Lion.

$57°$ $40'$	0^t $14^d,7$	0^t $6^d,0$
	$44,9$	$36,6$

α Lion. (4ᵉ fil.)

$45°$ $50'$	2^t $12^d,5$	2^t $5^d,0$
	$43,0$	$35,7$

γ₁ Lion.

$53°$ $45'$	1^t $32^d,2$	1^t $23^d,9$

Bar.. $724^{mm},0$ Therm.. $+6°,5$ c.

Nadir. (Dans le Sud.)

$257°$ $0'$	0^t $3^d,3$	2^t $27^d,9$
	$33,9$	$59,2$
	0 $3,7$	2 $28,0$
	$34,1$	$59,3$

Nadir. (Dans le Nord.)

	0^t $3^d,0$	2^t $27^d,2$
	$33,4$	$58,9$
	0 $2,2$	2 $26,1$
	$32,0$	$57,7$
	0 $2,3$	2 $26,8$
	$32,5$	$58,2$

Accident survenu au cercle.

δ Lion.

$54°$ $30'$	0^t $46^d,1$	0^t $39^d,1$
	$16,4$	$10,2$

λ Dragon.

$103°$ $15'$	2^t $18^d,2$	2^t $8^d,9$
	$48,7$	$40,3$

Nadir. (Dans le Sud.)

$256°\,55'$ $2^t\,12^d,3$ $2^t\,8^d,5$
     $42\,,2$ $39\,,8$

     $2\,12\,,8$ $2\,8\,,9$
     $42\,,8$ $40\,,1$

Nadir. (Dans le Nord.)

     $2^t\,11^d,3$ $2^t\,7^d,5$
     $41\,,6$ $38\,,8$

     $2\,11\,,5$ $2\,7\,,6$
     41.3 $39\,,0$

ε Grande Ourse.

$89°\,55'$ $0^t\,51^d,8$ $0^t\,46^d,0$

α Chien de chasse.

$72°\,15'$ $0^t\,38^d,1$ $1^t\,31^d,4$
     $8\,,2$ $2\,,7$

ε Vierge.

$44°\,55'$ $1^t\,0^d,9$ $0^t\,56^d,4$
     $31\,,1$ $26\,,8$

Barom. $724^{mm},4$ Therm. $+\,5°,5$ c.

Nadir. (Dans le Sud.)

$256°\,55'$ $2^t\,12^d,4$ $2^t\,10^d,1$
     $42\,,5$ $40\,,9$

     $2\,12\,,7$ $2\,10\,,1$
     $42\,,7$ $41\,,2$

Nadir. (Dans le Nord.)

     $2^t\,10^d,8$ $2^t\,8^d,1$
     $40\,,9$ $39\,,5$

     $2\,11\,,8$ $2\,8\,,8$
     $41\,,6$ $39\,,3$

η Grande Ourse.

$83°\,10'$ $2^t\,18^d,4$ $2^t\,13^d,3$
     $49\,,3$ $43\,,2$

η Bouvier.

$52°\,20'$ $0^t\,11^d,7$ $0^t\,7^d,6$
     $41\,,5$ $39\,,3$

α Dragon.

$88°\,15'$ $0^t\,44^d,6$ $0^t\,38^d,4$
     $14\,,9$ $9\,,9$

α Bouvier.

$53°\,5'$ $1^t\,57^d,0$ $1^t\,52^d,8$
     $27\,,5$ $23\,,8$

ρ Bouvier.

$64°\,10'$ $1^t\,53^d,4$ $1^t\,47^d,9$
     $23\,,7$ $18\,,7$

ζ Bouvier.

$47°\,30'$ $2^t\,23^d,1$ $2^t\,18^d,0$

ε² Bouvier.

$60°\,50'$ $2^t\,20^d,3$ $2^t\,14^d,3$
     $50\,,5$ $45\,,5$

Nadir. (Dans le Sud.)

$256°\,55'$ $2^t\,12^d,3$ $2^t\,9^d,3$
     $42\,,1$ $40\,,8$

     $2\,12\,,2$ $2\,9\,,8$
     $41\,,9$ $40\,,4$

Nadir. (Dans le Nord.)

     $2^t\,10^d,9$ $2^t\,8^d,6$
     $40\,,9$ $39\,,7$

     $2\,10\,,5$ $2\,9\,,2$
     $40\,,9$ $40\,,5$

Barom. $724^{mm},2$ Therm. $+\,5°4$ c.

Remarquons que, pour chaque pointé, soit du nadir, soit de l'étoile, on a inscrit les lectures du peigne et de la couronne divisée de l'écrou mobile qui correspondent à la coïncidence des fils et du trait du limbe dont l'image est la plus rapprochée du zéro du peigne du côté positif; au-dessous de ce dernier chiffre se trouve, presque partout, la lecture de la couronne pour la coïncidence des fils et du trait suivant du limbe dont l'image est située du côté négatif. On sait, du reste, que la distance de deux traits du limbe, ou 5 minutes, correspond, à très peu près, à 2 tours $\frac{1}{2}$ ou 150 divisions de la couronne qui en porte 60 pour un tour.

Examinons maintenant les divers calculs à faire, dans l'ordre où ils se présentent habituellement.

Prenons, par exemple, le premier pointé du nadir; sans nous préoccuper des nombres entiers de tours, retranchons $34^d,6$ de $4^d,1$ plus un nombre convenable de tours; nous obtiendrons $149^d,5$ pour un intervalle de 5 minutes; le deuxième pointé au même microscope nous donnerait $149^d,6$, le troisième pointé donnerait $149^d,9$, etc. En prenant la moyenne des résultats ainsi obtenus avec tous les pointés de la soirée, on a trouvé comme valeur correspondant à 5 minutes :

$$149^d,6 \text{ pour le microscope n° 1,}$$

$$148^d,7 \text{ pour le microscope n° 2,}$$

ce qui donne pour la valeur en secondes d'une division :

$$\text{Pour le microscope n° 1 : } \frac{300''}{149,6} = 2'',0056 ;$$

$$\text{Pour le microscope n° 2 : } \frac{300''}{148,7} = 2'',0170.$$

Réduction des lectures. — Nous pouvons, avec ces valeurs, réduire les lectures des microscopes; choisissons comme exemple le premier pointé du nadir, l'observateur étant au Nord du pilier.

On a, pour le microscope n° 1, $0^t 3^d,0$ pour distance du

premier trait au zéro; ajoutant à $33^d,1$, qui est, aux unités de tours près, la lecture du deuxième trait, $149^d,6$ qui représente la distance des deux traits, on trouve $0^t 2^d,7$. La moyenne des deux lectures donne $0^t 2^d,85$, que l'on réduit en secondes en multipliant par $2'',0056$; on trouve ainsi $5'',7$.

Pour le microscope n° 2, on a $2^t 26^d,0$ par le premier trait et $57^d,0 + 148^d,7$ ou $25^d,7$ par le deuxième trait; la moyenne est $2^t 25^d,85$, nombre qui, réduit en secondes, donne $4' 54'',2$.

On simplifie généralement le calcul en le conduisant de la manière suivante : la valeur d'une division de la vis étant à très peu près de 2 secondes, on dresse une table des corrections très petites qu'il faut apporter au produit de la lecture par 2. L'argument de cette table est la lecture et l'on prend cet argument de 10 en 10 unités seulement; ainsi, dans le cas présent, on aurait pour les deux microscopes :

Lecture.	Microscope n° 1.	Microscope n° 2.
10	$0'',06$	$0'',17$
20	$0,11$	$0,34$
30	$0,17$	$0,51$
40	$0,22$	$0,68$
50	$0,28$	$0,85$

etc.

Avec une pareille table, on prend, à vue, la correction au dixième de seconde près.

Écrivons maintenant les lectures du microscope n° 1 et ajoutons 149.6 à la deuxième lecture diminuée de 180 divisions ou 3 tours (la deuxième lecture devrait, en effet, s'écrire $\overline{3}^t 33,1$, en empruntant la notation des logarithmes); puis, au lieu de prendre la moyenne des deux résultats obtenus et de la multiplier par 2, ajoutons ces deux résultats, ce qui revient au même. Répétons ces opérations pour le deuxième microscope et corrigeons les résultats au moyen de la table ci-dessus.

Voici le tableau de l'opération :

0' 3.0		33.1		2' 26.0		57.0
0 2.7		+ 149.6 − 180		2 25.7		+ 148.7 − 180
0' 5",7		2.7		4' 51",7		25.7
C^{cn}... 0				C^{ou}.. 2",5	
0' 5",7				4' 54",2	

Nous avons donc, en résumé, pour le premier pointé du nadir :

Au microscope n° 1................ 257° 0' 5",7
Au microscope n° 2.. .... 256 59 54 ,2

Moyenne des deux microscopes........ 256° 59' 59",95

Pour le deuxième pointé du nadir, on trouverait :

$$256° 59' 59",65.$$

La moyenne des deux pointés ou la lecture adoptée pour le nadir dans le Nord est donc :

$$256° 59' 59",8.$$

En opérant de même pour l'une des étoiles, α Lion, par exemple, on trouvera

Moyenne des lectures des deux microscopes : 45° 54' 18",6.

Calculons la correction qu'il faut apporter à cette lecture, parce que le pointé a été fait à 18 secondes de distance équatoriale du fil du milieu.

On a pour la distance polaire δ de l'étoile :

$$\delta = 77° 24' 31",9,$$

d'où

$$2\delta = 154° 49'.$$

On a d'ailleurs :

$$T = \frac{18'}{\sin \delta} = 18^s,4.$$

Voici les détails du calcul :

$$\text{Log } 56,25 \sin 1'' = 6,43569$$
$$\text{Log } T^2 = 2,532$$
$$\text{Log } \sin 2\delta = 9,629$$
$$\overline{\text{Log } (-\alpha) = 8,597.}$$

La correction est inférieure à $0'',04$, tout à fait négligeable, par conséquent.

Voici le tableau des lectures réduites :

Nadir Sud.........	$257°\ 0'\ 1'',4$	
Nadir Nord.......	$256\ 59\ 59,8$	
ε Lion...........	$57\ 40\ 20,3$	
α Lion...........	$45\ 54\ 18,7$	
γ_1 Lion...........	$53\ 47\ 57,1$	
Nadir Sud........	$257\ 0\ 2,7$	
Nadir Nord.......	$257\ 0\ 0,6$	
δ Lion...........	$54\ 31\ 25,5$	
λ Dragon.........	$103\ 19\ 28,7$	
Nadir Sud.........	$256\ 59\ 22,4$	
Nadir Nord.......	$256\ 59\ 20,2$	
ε Grande Ourse....	$89\ 56\ 38,2$	
α Chien de chasse..	$72\ 16\ 9,9$	

ε Vierge..........	$44°\ 56'\ 57'',4$
Nadir Sud.........	$256\ 59\ 23,4$
Nadir Nord.......	$256\ 59\ 20,7$
η Grande Ourse....	$83\ 14\ 32,6$
η Bouvier.........	$52\ 20\ 19,6$
α Dragon.........	$88\ 16\ 23,6$
α Bouvier........	$53\ 8\ 50,9$
ρ Bouvier.........	$64\ 13\ 42,2$
ζ Bouvier........	$47\ 34\ 42,2$
ε^2 Bouvier.........	$60\ 52\ 35,9$
Nadir Sud.........	$256\ 59\ 22,7$
Nadir Nord.......	$256\ 59\ 20,9$

Il résulte de ce tableau que l'accident survenu au cercle a fait brusquement varier la lecture du nadir; celle qui précède la deuxième série n'a donc aucun rapport avec elle.

Partout ailleurs, nous pouvons prendre, pour la lecture qui convient à toute une série, la moyenne de la lecture qui la précède et de celle qui la suit. Remarquons aussi qu'il y a une différence très sensible et toujours de même sens entre les deux lectures faites quand l'observateur est au Nord et au Sud du pilier; cette différence rend manifeste l'influence du poids de l'observateur. On aura soin d'appliquer les lectures Sud pour trouver les hauteurs des astres qui culminent au Nord du zénith et inversement les lectures Nord pour les astres qui culminent au Sud.

Calcul de la hauteur vraie et de la latitude. — Le cercle étant à l'Ouest, si l'on fait mouvoir la lunette depuis le nadir jusqu'à l'horizon Sud, la lecture augmentera de 90 degrés, et, en prolongeant ce mouvement jusqu'à l'étoile, elle augmentera encore de h', hauteur apparente au-dessus de l'horizon Sud. Mais dans l'intervalle elle passe par 360 degrés ou zéro.

N désignant la lecture du nadir et L celle de l'étoile, on a donc :

$$N + 90 + h - 360 = L$$

d'où

$$h = L + (270 - N).$$

La différence $270 - N$ a pour valeur dans la première série pour les étoiles au Sud :

$$12° 59' 59'',8.$$

Connaissant la hauteur apparente h', on obtient la hauteur vraie h en retranchant la réfraction calculée au moyen des tables I et II de la connaissance des temps, et enfin la latitude l en appliquant la formule :

$$h + \delta + l = 180°.$$

Calculons, par exemple, la hauteur de α Lion et déterminons la latitude qui résulte de cette observation.

$$
\begin{array}{rr}
L = & 45° 54' 18'',7 \\
270 - N = & 12\ 59\ 59\ ,8 \\
\hline
h' = & 58\ 54\ 18\ ,5 \\
\text{Réfraction} & 33\ ,9 \\
\hline
h = & 58\ 53\ 44\ ,6 \\
\delta = & 77\ 24\ 31\ ,9 \\
\hline
180 - l = & 136\ 18\ 16\ ,5
\end{array}
$$

En opérant de même pour toutes les étoiles, on obtient les résultats contenus dans le tableau suivant :

	δ	h	l
ε Lion..........	65° 38′ 14″,8	70° 40′ 0″,3	43° 41′ 44″,9
α Lion..........	77 24 31 ,9	58 53 44 ,6	43 ,5
γ₁ Lion..........	69 30 44 ,1	66 47 32 ,8	43 ,1
δ Lion..........	68 46 34 ,4	67 31 41 ,8	43 ,8
λ Dragon........	19 57 42 ,4	116 20 33 ,6	44 ,0
ε Grande Ourse...	33 20 47 ,4	102 57 23 ,8	44 ,3
α Chien de chasse..	50 59 29 ,5	85 18 45 ,3	45 ,2
ε Vierge........	78 21 14 ,6	57 57 1 ,6	43 ,8
η Grande Ourse...	40 2 59 ,6	96 15 15 ,8	44 ,6
η Bouvier.......	70 57 44 ,2	65 20 32 ,7	43 ,1
σ Dragon.......	25 0 52 ,7	111 17 22 ,6	44 ,7
α Bouvier.......	70 9 10 ,6	66 9 5 ,1	44 ,3
ρ Bouvier.......	59 4 8 ,0	77 14 8 ,6	43 ,4
ζ Bouvier.......	75 43 26 ,6	60 34 49 ,5	43 ,9
ε² Bouvier........	62 23 18 ,1	73 54 58 ,8	43 ,1

107. L'avantage considérable que l'on trouve à opérer au moyen du bain de mercure fait que les déterminations de hauteurs, avec l'aide du niveau à bulle d'air, sont beaucoup moins fréquemment usitées. Il convient cependant d'examiner ce mode d'observation, l'usage du bain de mercure étant impossible dans certains cas, quand le vent agite la surface du liquide ou que certaines trépidations, fréquentes au bord de la mer, produisent des ondulations qui empêchent la formation d'une image nette des fils.

Dans ce deuxième mode d'opérer, la lecture du nadir est remplacée, pour chaque observation d'étoile, par celle du niveau fixé au porte-microscopes que l'on aura eu soin d'orienter de manière que la bulle occupe à peu près le milieu du tube. On ne s'astreint pas à ramener la bulle exactement entre les mêmes repères; il est facile, en effet, de tenir compte par le calcul de la différence des indications du niveau et de corriger en conséquence la lecture du limbe.

Supposons que la graduation du niveau parte de la gauche

de l'observateur quand il regarde le limbe, et soit n la lecture du centre de la bulle; cherchons ce que deviendrait la lecture du limbe si l'on déplaçait le support des microscopes jusqu'à ce que le centre de la bulle occupât la division o, par exemple. Il faudrait évidemment donner au support un mouvement de rotation dans le sens des aiguilles d'une montre et d'une amplitude égale à nK, K étant la valeur angulaire d'une division du niveau; mais, par ce fait, la lecture du limbe a augmenté d'autant; nK est donc la correction cherchée.

On appliquera directement aux lectures la correction de la réfraction en remarquant que, si le cercle est à l'Ouest, la correction est positive pour les étoiles qui culminent dans le Nord et négative pour celles qui culminent dans le Sud. L'inverse a lieu si le cercle est à l'Est, c'est-à-dire que la correction est négative pour les étoiles qui culminent dans le Nord et positive pour celles qui culminent dans le Sud.

Supposons qu'après application de toutes ces corrections on ait obtenu une lecture L pour une étoile dont la distance polaire est δ, le cercle étant à l'Ouest; une lecture L' pour une étoile de distance δ', le cercle étant à l'Est.

D'après les formules établies au § 97 et au § 98, on a pour la latitude l :

$$l = 90 + \frac{L' - \delta'}{2} - \frac{L + \delta}{2}.$$

On peut combiner deux étoiles quelconques pour obtenir une latitude, et, si l'état du niveau n'a point varié dans l'intervalle des observations, les quantités $\frac{L' - \delta'}{2}$ et $\frac{L + \delta}{2}$ sont constantes. Mais, en général, on ne peut compter sur l'invariabilité de la position du niveau vis-à-vis de son support. Il est donc prudent de retourner l'instrument à chaque pointé et de ne combiner que les observations voisines; on pourra, du reste, combiner chaque pointé avec les deux qui le comprennent, et éliminer ainsi les résultats qui indiqueraient, par une divergence trop grande, un changement brusque dans l'état du niveau.

Il est bon que les lectures du niveau et des microscopes

soient faites par un second observateur qui reste constamment
à la même place; ce n'est qu'à cette condition qu'on pourra
obtenir des résultats concordants; car, si l'observateur, après
avoir visé l'étoile, se déplaçait pour faire lui-même la lecture,
son poids changeant de place, il est probable que la bulle du
niveau changerait elle-même; la lecture n'aurait plus aucun
rapport avec la position qu'occupait la bulle pendant l'observation.

CERCLES À VERNIERS.

108. Les considérations précédentes s'appliquent exactement à l'instrument du modèle n° 1, en remplaçant partout la
lecture des microscopes par celle des verniers. On peut donc,
comme pour les instruments à microscopes, employer les deux
méthodes d'observations des hauteurs, le pointé du nadir ou
les lectures du niveau.

La première est, sans contredit, la plus exacte, à condition
toutefois que l'on modifie un peu le procédé opératoire; l'instrument ne permettant de lire que les dix secondes et les variations possibles étant, en général, inférieures à ce minimum
d'estime, on retrouverait nécessairement la même lecture au
cercle pour les pointés du nadir faits successivement. L'erreur
n'a donc aucune chance d'être atténuée par les moyennes, à
moins que l'on ne fasse varier la lecture du nadir pour chaque
observation d'étoile; or c'est ce à quoi l'on arrive aisément en
agissant sur la vis buttante du diamètre vertical. En faisant
mouvoir systématiquement cette vis, de manière que le diamètre occupe différentes positions arbitraires de part et d'autre
de sa position moyenne, on obtiendra des lectures du nadir
approchées tantôt par excès, tantôt par défaut; combinant ces
lectures avec celles qui correspondent aux pointés des étoiles
et qui subissent des alternatives d'approximation analogues,
on obtient une série de résultats dont la moyenne peut être
beaucoup plus approchée.

109. Quand on remplace l'observation du nadir par la lecture de la bulle du petit niveau, on ne peut nécessairement

faire varier la position du diamètre que dans les très faibles
limites de la course de la bulle; mais ce déplacement est en
général inutile, car le niveau est toujours d'une sensibilité
assez grande pour que le dixième de division, que l'on peut
estimer à la lecture, ne corresponde pas à un intervalle angulaire moindre que 1 seconde.

La latitude se déduit, comme pour les instruments à microscopes, de la formule :

$$l = 90° + \frac{L' - \delta'}{2} - \frac{L + \delta}{2},$$

où L' et δ' désignent la lecture au cercle corrigée comme précédemment et la distance polaire d'une étoile quelconque observée dans la position inverse de la lunette, C. E., tandis que
L et δ désignent les quantités correspondantes pour une autre
étoile observée dans la position directe.

110. Remarquons que, si l'on choisit deux étoiles, de ma-
nière que l'on ait à peu près entre les distances polaires δ et δ'
la relation :

$$\frac{\delta + \delta'}{2} = 90° - l,$$

il résulte de la formule précédente que les lectures L et L'
sont à peu près égales. Ce résultat était aisé à prévoir en remarquant que, d'après la dernière égalité, une étoile dont la
distance polaire est intermédiaire entre les deux autres, cul-
mine à une distance du pôle égale au complément de la latitude, au zénith, par conséquent, ou, en d'autres termes, que
les deux étoiles culminent à des distances égales de part et
d'autre du zénith.

On peut, dans ce cas, remplacer les lectures au cercle par
des lectures beaucoup plus précises, au fil mobile, en opérant
comme il suit. On fait tourner de 90° dans sa monture le micromètre oculaire, de manière à rendre horizontal le fil mobile
qui peut alors servir à mesurer des angles verticaux dans le
champ de la lunette. Après avoir choisi deux étoiles culminant,
comme il vient d'être dit, à égale distance du zénith, et se

succédant rapidement, afin d'éviter des changements dans l'état du niveau, on observe la première en donnant à la lunette un calage arbitraire et bissectant l'étoile avec le fil mobile dont on fait la lecture; puis on change le cercle de côté, en ayant soin de ne pas modifier le calage, et l'on retrouve la seconde étoile dans le champ de la lunette; on la bissecte encore avec le fil mobile en faisant une nouvelle lecture.

La différence des deux lectures, réduite en secondes d'arc, peut évidemment remplacer la différence $L' - L$ des lectures que l'on aurait faites au cercle, si l'on avait modifié le calage pour amener l'étoile chaque fois en coïncidence avec un même fil fixe. On obtient donc ainsi une valeur de la latitude indépendante de la graduation du cercle vertical, et dont l'approximation ne dépend que de celle de la lecture du fil mobile et de la sensibilité du petit niveau.

Le fil horizontal qui, après le retournement du micromètre, devient fil horaire unique, se trouve, en général, en dehors de l'axe géométrique de la lunette, et il n'y a aucun moyen de corriger sa position. En bissectant l'étoile au moyen de son passage à ce fil, on s'exposerait à faire des observations extraméridiennes; on fera bien, en vue de cette éventualité, de calculer l'heure, au chronomètre, du passage de chaque étoile, et de n'observer la hauteur qu'à ce moment.

Remarquons encore que les corrections résultant des indications de la bulle du petit niveau devront être appliquées aux lectures du fil mobile; le signe de ces corrections dépendra évidemment du sens dans lequel on aura fait tourner le micromètre. Nous laisserons à l'observateur le soin de le déterminer.

Ce procédé pourra convenir pour les cas très rares où le cercle de calage est grossièrement divisé; quelques lunettes ont été construites uniquement en vue des observations de passages, et l'on peut, en opérant ainsi, obtenir une valeur assez approchée de la latitude. Mais, en dehors de ce cas, il est préférable d'avoir recours aux procédés précédemment décrits, et d'augmenter l'approximation en faisant la moyenne d'un grand nombre d'observations.

NOTE (page 70).

Il est difficile, pour ne pas dire impossible, de retourner la lunette sans qu'il en résulte un petit changement dans l'azimut. Cela est vrai surtout pour les modèles d'instruments n°s 1 et 2 qui ne sont pas pourvus d'appareils à retournement. La valeur de v_0, déterminée par la moyenne des pointés de la mire dans les deux positions de l'instrument, est donc rarement tout à fait exacte. Pour obvier à cet inconvénient, M. Yvon Villarceau, dans la détermination astronomique de la France, a fait usage d'un procédé d'observation dont nous ne pouvons qu'appliquer le principe, car les formules de réduction qu'il emploie sont différentes de celles qui sont exposées dans le cours de cet ouvrage.

On divise les observations en plusieurs séries, dont chacune comprend, outre les passages des étoiles horaires, une lecture de la mire au commencement, une autre à la fin et une observation d'une étoile circompolaire distante au plus de 3 ou 4 degrés du pôle. Après chaque série, on retourne la lunette sur ses tourillons, de manière à faire alterner les observations dans les deux positions de l'instrument. La moyenne des pointés de la mire obtenus dans deux séries consécutives donnera approximativement la valeur de v_0. On se sert de cette valeur et des pointés de la polaire pour déterminer l'azimut de l'instrument. Si, d'une série à l'autre, cet azimut reste constant, on est fondé à admettre que le retournement n'a pas fait changer la position de l'instrument et que, par suite, la valeur trouvée pour v_0 est exacte. Si, au contraire, la valeur trouvée pour l'azimut n'est pas la même pour deux séries consécutives, on sait que la valeur adoptée pour v_0 est inexacte, de même que la valeur trouvée pour l'azimut de l'instrument.

Désignant par Δv_0 la correction inconnue de v_0, on introduit cette valeur dans une équation de condition qu'il est facile d'établir en se fondant sur la constance de l'azimut de la mire.

Supposons que, dans l'une des séries, cercle à l'Ouest, par

exemple, on ait obtenu, comme pointé moyen de la mire, la valeur v et que, pour la série suivante, cercle à l'Est, ce pointé soit devenu v'. Nous adoptons pour v_0 la valeur $\frac{v + v'}{2}$. Puis nous ramenons à ce fil v_0 les passages des étoiles observées dans les deux séries. Admettons, pour fixer les idées, que l'on combine dans chaque série le passage d'une étoile circompolaire au méridien supérieur avec un ou plusieurs passages d'équatoriales pour la détermination de l'azimut. Dans la première série, cercle Ouest, si la valeur adoptée pour v_0 avait été exacte, l'azimut a de la lunette (voir § 62) serait résulté d'une équation de la forme

$$aD = N.$$

Le dénominateur D ayant à fort peu près pour valeur $\frac{\cos h}{\sin \delta}$; h et δ désignent la hauteur et la distance polaire de la circompolaire. Il est facile de voir que, si la valeur adoptée v_0 a besoin d'une correction Δv_0, cette équation deviendra :

$$(1) \qquad aD = N + \frac{K \Delta v_0}{\sin \delta}.$$

On aurait de même, dans la deuxième série, cercle à l'Est :

$$(2) \qquad a'D' = N' - \frac{K \Delta v_0}{\sin \delta'},$$

a' désignant le nouvel azimut, h' et δ' la hauteur et la distance polaire de la deuxième circompolaire, et D' ayant à fort peu près pour valeur $\frac{\cos h'}{\sin \delta'}$.

D'autre part, si nous nous reportons au § 68 pour le cas d'une mire située du côté de l'horizon opposé au pôle élevé, et si nous désignons par A l'azimut de cette mire, nous pourrons écrire les deux équations :

$$(3) \qquad A = a + K (v_0 + \Delta v_0 - v),$$
$$(4) \qquad A = a' - K (v_0 + \Delta v_0 - v').$$

Dans les quatre équations ainsi formées, il n'entre que les inconnues A, a, a' et Δv_0.

Retranchons les équations 1 et 2, après avoir divisé par D et D', il viendra :

$$a - a' = \frac{N}{D} - \frac{N'}{D'} + K\Delta v_0 \left[\frac{1}{D \sin \delta} + \frac{1}{D' \sin \delta'} \right].$$

D'après ce que nous avons vu, on a, à fort peu près, $D \sin \delta = \cos h$ et $D' \sin \delta' = \cos h'$, et, d'autre part, h ne diffère pas beaucoup de l, latitude du lieu ; on a donc en fin de compte :

$$a - a' = \frac{N}{D} - \frac{N'}{D'} + \frac{2K\Delta v_0}{\cos l}.$$

Retranchant de même membre à membre les équations 3 et 4, on obtient :

$$a - a' = K \left(v + v' - 2v_0 - 2\Delta v_0 \right) = -2K\Delta v_0,$$

car $v + v' = 2v_0$ par hypothèse.

En exprimant que ces deux valeurs de $a - a'$ sont égales, on obtient pour Δv_0 l'expression suivante :

$$\Delta v_0 = \frac{\left(\dfrac{N'}{D'} - \dfrac{N}{D} \right) \cos l}{2K (1 + \cos l)}.$$

On obtient ainsi la position du fil sans collimation, et l'on peut calculer la valeur de l'azimut de la lunette.

Cette méthode suppose que les positions relatives des circompolaires sont exactement déterminées, afin que les azimuts a et a' soient comparables. Elle est donc applicable dans toute l'étendue de l'hémisphère Nord, les positions des étoiles fondamentales voisines du pôle Nord étant parfaitement connues. Son application présenterait des inconvénients dans l'hémisphère Sud ; les étoiles australes étant beaucoup moins bien déterminées, la discussion des observations deviendrait plus difficile. Il paraît donc préférable, dans ce cas, de déterminer le fil sans collimation par des observations indépendantes des étoiles, et l'on y parvient très simplement, comme nous l'avons montré au § 69, par l'usage de deux mires opposées l'une à l'autre.

TABLE DES MATIÈRES.

OBSERVATIONS DES PASSAGES.

OBSERVATIONS DES HAUTEURS.